Formelsammlung
für
Berufskraftfahrer

2. Auflage
2015-05-23

Jörg Biemer

www.formelsammlung-berufskraftfahrer.de

www.biemer-web.de

Impressum

ISBN:	9783833496257
Autor:	Jörg Biemer
Lektor:	Michael Biemer
Bildnachweis:	Jörg Biemer
Titelbild:	© Jörg Biemer
Herstellung und Verlag:	Books on Demand GmbH, Norderstedt
Info über Korrekturen:	www.formelsammlung-berufskraftfahrer.de

Jörg Biemer

2.Auflage

Vorwort

Diese Formelsammlung wurde für Auszubildende Berufskraftfahrer vom 1. bis 3. Ausbildungsjahr erstellt und ist auch speziell geeignet für die Abschlussprüfung. Weitere Einsatzmöglichkeiten bestehen für Kraftverkehrsmeister, für Qualifizierungslehrgänge im Berufskraftfahrerbereich und der Verkehrsbranche.

In diesem Buch sind Formeln und Anleitungen, die Themen des Verzurrens im Bereich Ladungssicherung im Güterverkehr bis hin zur Fahrzeugbedarfsberechnung im Personenverkehr erklären. Darüber hinaus sind auch einfache Flächenberechnungen und Technische Fahrzeugberechnungen, wie Bremswegermittlung, enthalten.

Durch meine Arbeit als Fachlehrer von Berufskraftfahrern wurde mir von Schülerseite zugetragen, dass es keine spezielle Formelsammlung für Berufskraftfahrer gibt. Da ich keine geeignete Formelsammlung über dieses Thema finden konnte, entschloss ich mich, diese kleine Formelsammlung selbst zu erstellen.

In dieser zweiten Fassung der Formelsammlung sind viele Anregungen eingeflossen, die mir als Autor sehr hilfreich waren. Manches davon musste unberücksichtigt bleiben, sei es aus Platzgründen oder weil ich die Priorität anders setzen wollte. Jedoch bin ich nach wie vor für Anregungen und Kritik dankbar und hoffe weiterhin auf viele konstruktive Rückmeldungen.

Der Lektor und der Autor der Formelsammlung für Berufskraftfahrer.

Jörg Biemer
www.formelsammlung-berufskraftfahrer.de
Solms, 2015-05-23

Inhaltsverzeichnis

Flächenberechnungen/Volumenberechnungen

A = Fläche	d = kleiner Durchmesser	A_D = Deckfläche
l = Länge	D = großer Durchmesser	l_B = Bogenlänge
b = Breite	U = Umfang	A_M = Mantelfläche
h = Höhe	l_1 = Länge der großen parallelen Seite	
e = Eckenmaß (d = Diagonale)	l_2 = Länge der kleinen parallelen Seite	
l_m = Mittlere Länge	V = Volumen	s = Mantelhöhe
A_O = Oberfläche	A_G = Grundfläche	

Flächen	Formeln

Quadrat

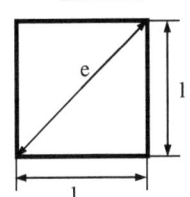

$$\boxed{A = l \cdot l} \qquad \text{l = SW Schlüsselweite}$$

$$l = \sqrt{A}$$
$$U = l \cdot 4 \quad ; \quad l = \frac{U}{4}$$
$$e = \sqrt{2} \cdot l$$
$$e \approx 1.414 \cdot l$$

Rhombus
(Raute)

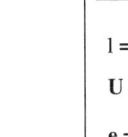

$$\boxed{A = l \cdot b}$$

$$l = \frac{A}{b} \quad ; \quad b = \frac{A}{l}$$
$$U = 4 \cdot l$$

Rechteck

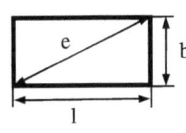

$$\boxed{A = l \cdot b}$$

$$l = \frac{A}{b} \quad ; \quad b = \frac{A}{l}$$
$$U = 2 \cdot (l + b) \quad ; \quad l = \frac{U - 2 \cdot b}{2} \quad ; \quad b = \frac{U - 2 \cdot l}{2}$$
$$e = \sqrt{l^2 + b^2}$$

Rhomboid
(Parallelogramm)

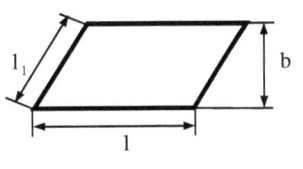

$$\boxed{A = l \cdot b}$$

$$l = \frac{A}{b} \quad ; \quad b = \frac{A}{l}$$
$$U = 2 \cdot l + 2 \cdot l_1 \quad ; \quad l = \frac{U - 2 \cdot l_1}{2} \quad ;$$
$$l_1 = \frac{U - 2 \cdot l}{2}$$

Trapez 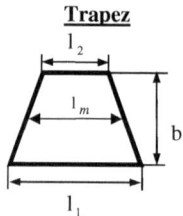	$$A = \frac{l_1 + l_2}{2} \cdot b \qquad A = l_m \cdot b$$ $$l_1 = \frac{2 \cdot A}{b} - l_2 \quad ; \quad l_2 = \frac{2 \cdot A}{b} - l_1$$ $$b = \frac{2 \cdot A}{l_1 + l_2} \qquad ; \qquad l_m = \frac{l_1 + l_2}{2}$$ U = Summe aller Seiten
Dreieck 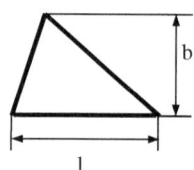	$$A = \frac{l \cdot b}{2}$$ $$l = \frac{2 \cdot A}{b} \quad ; \quad b = \frac{2 \cdot A}{l}$$ U = Summe aller Seiten
Kreis 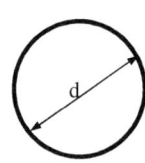	$$A = \frac{d^2 \cdot \pi}{4} \qquad A \approx d^2 \cdot 0,785 \quad ; \quad A = r^2 \cdot \pi$$ $$U = d \cdot \pi \quad ; \quad U \approx d \cdot 3,14$$ $$d = \sqrt{\frac{A \cdot 4}{\pi}}$$ $$\pi \approx 3,14$$
Kreisausschnitt 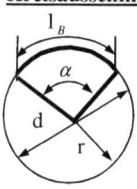	$$A = \frac{d^2 \cdot \pi \cdot \alpha}{4 \cdot 360} \qquad A = \frac{l_B \cdot r}{2}$$ $$l_B = \frac{\pi \cdot r \cdot \alpha}{180}$$ $$U = l_B + 2 \cdot r$$
Kreisring 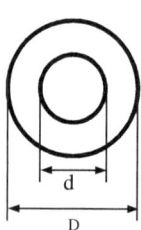	$$A = \frac{(D^2 - d^2) \cdot \pi}{4} \qquad A \approx (D^2 - d^2) \cdot 0,785$$ $$D = \sqrt{d^2 + \frac{4 \cdot A}{\pi}} \quad ; \quad d = \sqrt{D^2 - \frac{4 \cdot A}{\pi}}$$ $$D \approx \sqrt{\frac{A}{0,785} + d^2} \quad ; \quad d \approx \sqrt{D^2 - \frac{A}{0,785}}$$

Ellipse	$A = \dfrac{\pi \cdot D \cdot d}{4}$
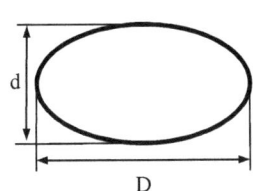	$D = \dfrac{4 \cdot A}{d \cdot \pi} \quad ; \quad d = \dfrac{4 \cdot A}{D \cdot \pi}$ $U = \dfrac{\pi}{2} \cdot (D + d)$

Volumen	*Formeln*
Würfel 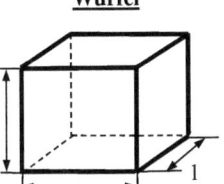	$\boxed{V = 1 \cdot 1 \cdot 1} \quad V = 1^3$ $1 = \sqrt[3]{V}$ $A_O = 6 \cdot 1^2$ $A_M = 4 \cdot 1^2$
Vierkantprisma 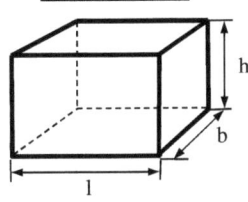	$\boxed{V = 1 \cdot b \cdot h}$ Nutzvolumen   $1 = \dfrac{V}{b \cdot h} \quad ; \quad b = \dfrac{V}{l \cdot h} \quad ; \quad h = \dfrac{V}{l \cdot b}$ $A_O = 2 \cdot (1 \cdot b + 1 \cdot h + b \cdot h)$
Vollzylinder 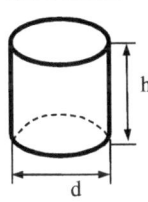	$\boxed{V = \dfrac{d^2 \cdot \pi}{4} \cdot h}$ $d = \sqrt{\dfrac{4 \cdot V}{\pi \cdot h}} \quad ; \quad h = \dfrac{4 \cdot V}{d^2 \cdot \pi}$ $A_O = d \cdot \pi \cdot h + 2 \cdot \dfrac{d^2 \cdot \pi}{4}$ $A_M = \pi \cdot d \cdot h$
Prisma 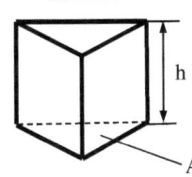	$\boxed{V = A_G \cdot h}$ $A_G = \dfrac{V}{h} \quad ; \quad h = \dfrac{V}{A_G}$

Kugel 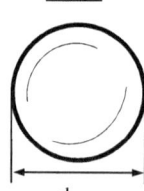	$$\mathbf{V} = \frac{d^3 \cdot \pi}{6} \qquad V \approx d^3 \cdot 0{,}524$$ $$d = \sqrt[3]{\frac{6 \cdot V}{\pi}}$$ $$\mathbf{A}_O = \pi \cdot d^2$$
Pyramide 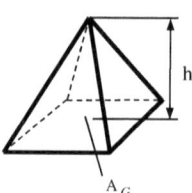	$$\mathbf{V} = \frac{A_G \cdot h}{3}$$ $$h = \frac{V \cdot 3}{A_G}$$ $$\mathbf{A}_G = \frac{V \cdot 3}{h}$$
Kegel 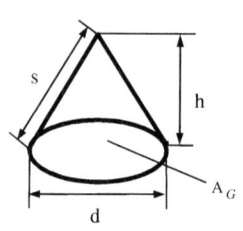	$$\mathbf{V} = \frac{A_G \cdot h}{3} \qquad V = \frac{\pi \cdot d^2}{4} \cdot \frac{h}{3}$$ $$d = \sqrt{\frac{12 \cdot V}{\pi \cdot h}} \quad ; \quad h = \frac{12 \cdot V}{d^2 \cdot \pi}$$ $$\mathbf{A}_M = \frac{\pi \cdot d \cdot s}{2}$$
Kegelstumpf 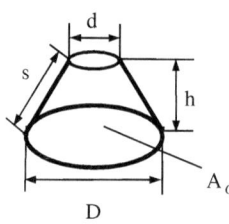	$$\mathbf{V} = \frac{\pi \cdot h \cdot (D^2 + d^2 + D \cdot d)}{12}$$ $$s = \sqrt{h^2 + \left(\frac{D-d}{2}\right)^2}$$ $$\mathbf{A}_M = \frac{\pi \cdot (D+d) \cdot s}{2}$$
Pyramidenstumpf 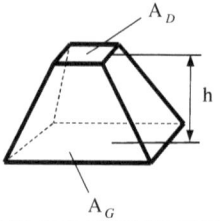	$$\mathbf{V} = \frac{h \cdot \left(A_G + A_D + \sqrt{A_G \cdot A_D}\right)}{3}$$ $$V \approx \frac{A_G + A_D}{2} \cdot h$$ $$h \approx \frac{V \cdot 2}{A_G + A_D}$$

Winkelfunktionen	*Formeln*

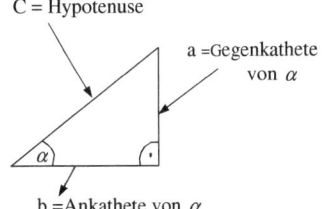

C = Hypotenuse

a =Gegenkathete von α

b =Ankathete von α

Sinus $= \dfrac{Gegenkathete}{Hypothenuse}$ $\qquad \sin \alpha = \dfrac{a}{c}$

Cosinus $= \dfrac{Ankathete}{Hypothenuse}$ $\qquad \cos \alpha = \dfrac{b}{c}$

Tangens $= \dfrac{Gegenkathete}{Ankathete}$ $\qquad \tan \alpha = \dfrac{a}{b}$

Cotangens $= \dfrac{Ankathete}{Gegenkathete}$ $\qquad \cot \alpha = \dfrac{b}{a}$

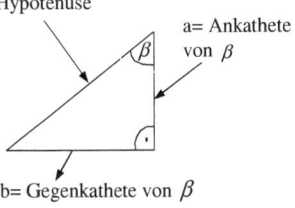

C = Hypotenuse

a= Ankathete von β

b= Gegenkathete von β

$\sin \beta = \dfrac{b}{c}$

$\cos \beta = \dfrac{a}{c}$

$\tan \beta = \dfrac{b}{a}$

$\cot \beta = \dfrac{a}{b}$

Lehrsatz des Pythagoras	*Formel*

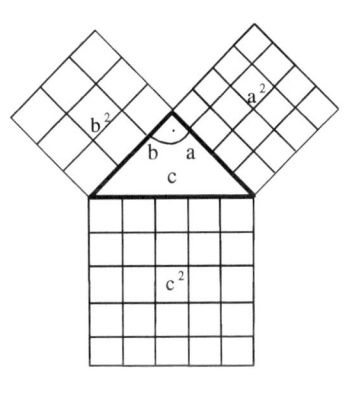

$$\boxed{c^2 = a^2 + b^2}$$

$c = \sqrt{a^2 + b^2}$

$a = \sqrt{c^2 - b^2}$

$b = \sqrt{c^2 - a^2}$

a und b = Kathete
c = Hypotenuse
im rechtwinkligen Dreieck

Kräfte	Formeln

Kräfte auf einer Wirkungslinie

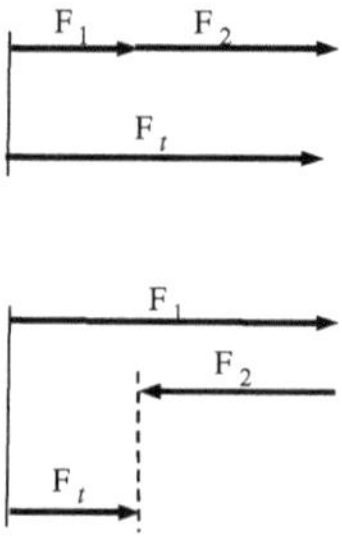

Gleichgerichtete Kräfte

$$\mathbf{F}_t = F_1 + F_2$$

Entgegengerichtete Kräfte

$$\mathbf{F}_t = F_1 - F_2$$

F_t = resultierende Kraft
F_1 und F_2 = Einzelkräfte
Einheit der Kraft F ist N (Newton)

Kräfte in verschiedener Wirkungslinie

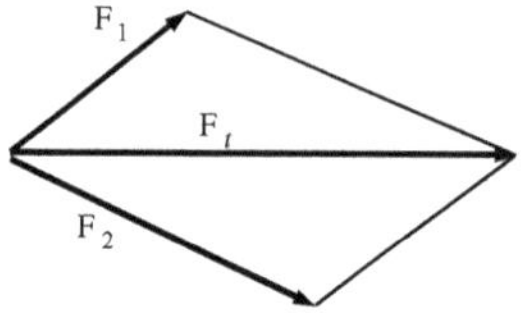

Gegeben F_1 und F_2,
resultierende Kraft F_t = Diagonale des
Parallelogramms

Gegeben F_t,
Kraftrichtung von $F_1 + F_2$
Einzelkräfte = Seiten des Parallelogramms
Einzelkräfte in Maßstabsgerechter Darstellung z.B.
1N $\hat{=}$ 1cm Lösung durch Zeichnung

Hebelgesetz

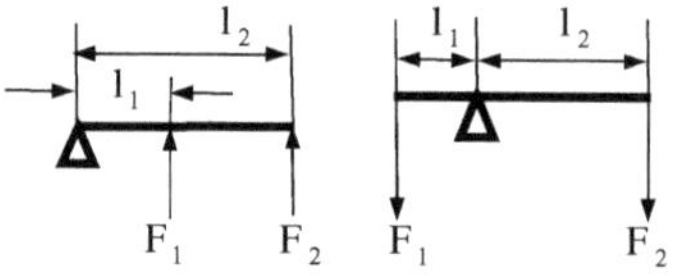

$$F_1 \cdot l_1 = F_2 \cdot l_2$$

$$F_1 = F_2 \cdot \frac{l_2}{l_1} \quad ; \quad F_2 = F_1 \cdot \frac{l_1}{l_2}$$

$$l_1 = l_2 \cdot \frac{F_2}{F_1} \quad ; \quad l_2 = l_1 \cdot \frac{F_1}{F_2}$$

F_1, F_2 = Kraft in N
l_1, l_2 = Hebelarm in m

Übersetzung am Hebel

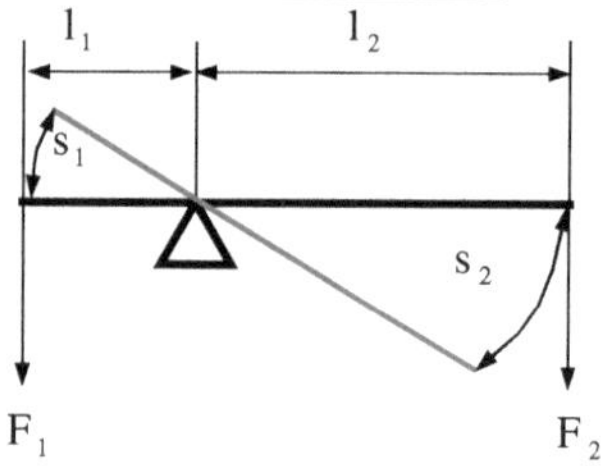

$$i_k = \frac{F_1}{F_2} \qquad i_h = \frac{l_2}{l_1} \quad ; \quad i_w = \frac{s_2}{s_1}$$

$$i_k = i_h = i_w$$

$$i_{ges} = i_1 \cdot i_2 \cdot i_3 \ldots$$

F_1, F_2 = Kraft in N
i_k = Kraftübersetzung
i_h = Hebelarmübersetzung
i_w = Wegübersetzung
i_{ges} = Gesamtübersetzung
l_1, l_2 = Hebelarm in m
s_1, s_2 = Weg in mm
$i_1, i_2, i_3 \ldots$ = Einzelübersetzung

Gewichtskraft	$\mathbf{F}_G = m \cdot g$

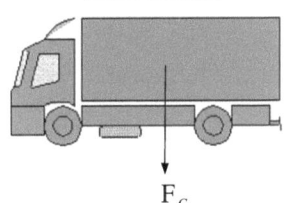

$$\mathbf{F}_G = m \cdot g$$

$$m = \frac{F_G}{g} \quad ; \quad g = \frac{F_G}{m}$$

F_G oder G = Gewichtskraft N

m = Masse kg

g = Erd. - Fall. - Beschleunigung $9{,}81 \approx 10 \ m/s^2$

Einheit der Kraft ist N (Newton)

Achslasten

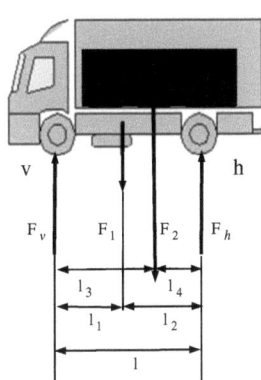

v   h

F_v F_1 F_2 F_h

l_3 l_4

l_1 l_2

l

$$\mathbf{F}_v = \frac{F_1 \cdot l_2 + F_2 \cdot l_4}{l} \qquad \mathbf{F}_h = \frac{F_1 \cdot l_1 + F_2 \cdot l_3}{l}$$

$$\boxed{\mathbf{F}_v + \mathbf{F}_h = \mathbf{F}_1 + \mathbf{F}_2}$$
Kräftegleichgewicht

$$\boxed{\mathbf{F}_v = \mathbf{F}_1 + \mathbf{F}_2 - \mathbf{F}_h}$$
Kräftegleichgewicht , Drehpunkt in v

F_v = Achskraft der Vorderachse in N

F_h = Achskraft der Hinterachse in N

$F_1 = G_1$ = Fahrzeugleergewicht in N

$F_2 = G_2$ Zuladung in N (Ladungsgewicht)

l = Radstand in m

l_1 =Abstand Vorderachse – Fz.-Schwerpunkt in m

l_2 =Abstand Hinterachse – Fz.-Schwerpunkt in m

l_3 =Abstand Vorderachse – Ladungsschwerpunkt in m

l_4 =Abstand Hinterachse – Ladungsschwerpunkt in m

Mindestachslast
§34 StVZO
Züge
Gesetzliche Vorgaben beachten!

Gesetzliche Werte beachten

$$\boxed{\mathbf{MA} = zGM \ Fahrzeug + zGM \ Anh\ddot{a}nger \cdot 0{,}25}$$

MA = Mindestachslast, Antriebsachsen im grenzüberschreitenden Verkehr in kg

zGM = zulässiges Gesamtmasse in kg

(zGG = zulässiges Gesamtgewicht)

gesetzlicher Grenzwert darf
nicht überschritten werden !

Mindestachslast der gelenkten Achse
(gilt nicht für Sattelanhänger)
Gesetzliche Vorgaben beachten!

Gesetzliche Werte beachten

$$\boxed{\mathbf{MA}_L = FM \cdot 0{,}2}$$

MA_L = Mindestachslast der gelenkten Achse

FM = Fahrzeugmomentangewichtes

gesetzlicher Grenzwert darf
nicht überschritten werden !

Kräfte bei der Beschleunigung und Verzögerung

$$\boxed{F = m \cdot a}$$

$$m = \frac{F}{a} \quad ; \quad a = \frac{F}{m}$$

F = Kraft in N
m = Masse in kg
a = Beschleunigung, Verzögerung in m $/ s^2$

$$1\frac{m}{s^2} = \frac{1\frac{m}{s}}{1s}$$

Fliehkraft

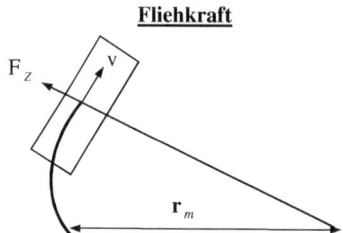

$$\boxed{F_Z = \frac{m \cdot v^2}{r_m}}$$

$$v = \sqrt{\frac{F_Z \cdot r_m}{m}}$$

$$r_m = \frac{m \cdot v^2}{F_Z}$$

F_Z = Fliehkraft in N
v = Fahrgeschwindigkeit in m/s
r_m = mittlerer Kurvenradius in m
m = Fahrzeugmasse in kg

Drehmoment

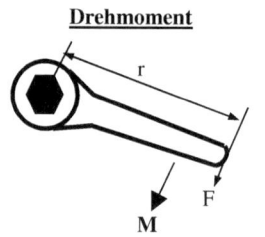

$$\boxed{M = F \cdot r}$$

$$F = \frac{M}{r} \quad ; \quad r = \frac{M}{F}$$

M = Drehmoment in Nm
F = Kraft in N
r = Hebelarm in m

**Deichselkraft
Drehschemelanhänger**

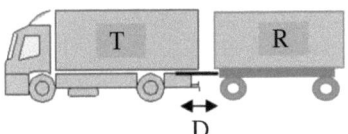

$$D = g \cdot \frac{T \cdot R}{T + R}$$

D = D-Wert, Deichselkraft in kN
g = Erdbeschleunigungskonstante 9,81 m/s^2
T = Gesamtmasse (Gesamtgewicht) des
    Zugfahrzeuges in t
R = Gesamtgewicht des
    Drehschemelanhängers in t

**Starrdeichsel- oder Zentralachs-
anhänger**

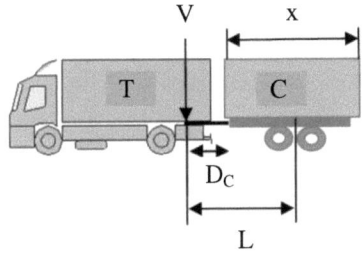

$$D_c = g \cdot \frac{T \cdot C}{T + C}$$

D_c = Kräfte, die durch Zug u. Schub entstehen
    in kN, reduzierter D-Wert
T = Gesamtmasse(Gesamtgewicht) des
    Zugfahrzeuges + Stützlast des Anhängers in t
C = Gesamtmasse(Gesamtgewicht) des Anhängers
    in t

S = (Stützlast) statische Last am Kupplungspunkt
    hervorgerufen durch das anteilige
    Anhängergewicht in kg

$$V = a \cdot (X^2 : L^2) \cdot C$$

V = dynamischen, vertikalen Kräfte, die durch
    Ein.- und Ausfedern beim Überfahren von
    Bodenwellen u.ä. entstehen in kN
a = Vertikalbeschleunigung in m/s^2
L = Theoretische Zugdeichsellänge in m
X = Länge der Ladefläche in m
    X^2 / L^2 muss mindestens gleich 1 sein
    (*Bei rechnerisch ermittelten Werten $x^2/l^2 < 1$ ist*
    dafür 1,0 einzusetzen)
a = 1,8m/s^2 bei Luftfederung
a = 2,4 m/s^2 bei anderen Federungsarten z.B.
    Blattfedern usw.

Sattelzug

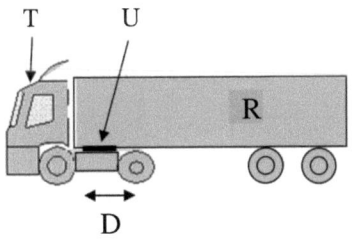

$$D = \frac{g \cdot 0,6 \cdot T \cdot R}{T + R - U}$$

$$U = T + R - \frac{0,6 \cdot g \cdot T \cdot R}{D}$$

D = D-Wert in kN
T = Gesamtmasse(Gesamtgewicht) des
    Zugfahrzeuges in t
R = Gesamtmasse(Gesamtgewicht)
    des Aufliegers in t
U = Sattellast in t
0,6 = Erfahrungswert

Zulässige Gesamtmasse(Gewicht) und Anhängelast Gesetzliche Vorgaben beachten!	Formeln
Achslast und Gesamtmasse **§34 StVZO** **Züge**	$\boxed{\textbf{zGM}}$ = zGM Fahrzeug + zGM Anhänger **zGM** = zulässiges Gesamtmasse (**zGG** = zulässiges Gesamtgewicht) Gesetzlicher Grenzwert darf **nicht** überschritten werden !
Zügen mit Starrdeichselanhängern **(einschließlich** **Zentralachsanhängern)**	$\boxed{\textbf{zGM}}$ = zGM Fahrzeug + zGM Starrdeichselanhänger **vermindert** um den höheren Wert der Stützlast des Fahrzeugs oder der Stützlast des Anhängers, bei gleichen Werten um diesen Wert. Gesetzlicher Grenzwert darf **nicht** überschritten werden !
Sattelkraftfahrzeuge	$\boxed{\textbf{zGM}}$ = zGM Fahrzeug + zGM Sattelauflieger **vermindert** um den höheren Wert der zulässigen Sattellast der Sattelzugmaschine oder der zulässigen Aufliegelast des Sattelafufliegers (Sattelanhängers) , bei gleichen Wert um diesen Wert Gesetzlicher Grenzwert darf **nicht** überschritten werden !
§42 Anhängelast hinter **Kraftfahrzeugen** Lkw – Züge mit durchgehender Bremsanlage	$\boxed{\dfrac{Anh\ddot{a}ngelast}{zGM.Zugfahrzeug} = \textbf{max.1,5}}$ Die gezogene Anhängelast darf bei Lastkraftwagen in Zügen mit durchgehender Bremsanlage weder das 1,5fache des zulässigen Gesamtgewichts des ziehenden Fahrzeugs noch den etwa vom Hersteller des ziehenden Fahrzeugs angegebenen oder amtlich als zulässig erklärten Wert übersteigen.
Leermasse Fahrzeugkombination	$\boxed{\textbf{Leermasse Fahrzeugkombination} = \text{Leermasse Fahrzeug} + \text{Leermasse Anhänger/Auflieger}}$ Leermasse (inklusiv Aufbauten)
Nutzlast (Nutzmasse)	$\boxed{\textbf{Nutzlast} = \text{zGM} - \text{Leermasse}}$ zGM = Leermasse + Nutzmasse
Tatsächliche Gesamtmasse	$\boxed{\textbf{Tatsächliche Gesamtmasse} = \text{Leermasse} + \text{Zuladung (Ladegut)}}$

Fahrwiderstände	*Formeln*

Gesamtfahrwiderstand

$$\boxed{F_W = F_R + F_L + F_S}$$

Alle Widerstände in N

F_W = Gesamtfahrwiderstand in N

Rollwiderstand

$$\boxed{F_R = F_N \cdot \mu_R} \qquad F_N = G = m \cdot g \quad ; \quad \mu_R = \frac{F_R}{F_N}$$

F_R = Rollwiderstand in N

F_N = G = Normalkraft / Gewichtskraft in N

m = Fahrzeuggewicht in kg

g = Fallbeschleunigung / Erdbeschl. 9,81 m/s^2

μ_R = Rollreibungszahl

Luftwiderstand

$$\boxed{F_L = 0{,}615 \cdot c_w \cdot A \cdot v^2} \qquad \boxed{F_L = \varrho : 2 \cdot c_w \cdot A \cdot v^2}$$

$$A \approx 0{,}8 \cdot b \cdot h \text{ für LKW}$$

F_L = Luftwiderstand in N

c_w = Luftwiderstandsbeiwert

A = Stirnfläche des Fahrzeugs m^2

v = Fahrgeschwindigkeit in m/s

ϱ = Luftdichte in kg/m^3

$0{,}615 \triangleq$ halber Durchschnittswert von ϱ = 1,230 kg/m^3

Steigungswiderstand

$$\boxed{F_S = m \cdot g \cdot \sin\alpha} \qquad F_S = m \cdot g \cdot \frac{h}{s}$$

$$\boxed{F_S \approx m \cdot g \cdot \frac{p}{100\%}}$$

F_S = Steigungswiderstand in N

α = Steigungswinkel in ^{o} (Grad)

m = Fahrzeuggewicht (Masse) in kg

g = Fallbeschleunigung / Erdbeschl. 9,81 m/s^2

s = Steigungslänge in m

h = Steigungshöhe in m

p = Steigung in %

F_N = Normalkraft in N

Steigung

$$\boxed{St = \frac{h \cdot 100}{l}}$$

$$h = \frac{St \cdot l}{100} \quad ; \quad l = \frac{h \cdot 100}{St}$$

St = Steigung in %

h = Höhenunterschied z.B. in m

l = waagrechte Länge z.B. in m

Masse und Dichte

$$\boxed{m = V \cdot \varrho}$$

m = Masse z.B. in kg

V = Volumen z.B. in m^3

ϱ = Dichte z.B. in kg/m^3

17

Gleichförmige, Geradlinige - und Kreisbewegung	Formeln

Gleichförmige, geradlinige Bewegung

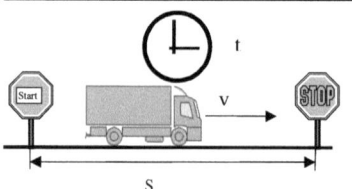

$$\boxed{v = \frac{s}{t}} \qquad s = v \cdot t \quad ; \quad t = \frac{s}{v}$$

v = Geschwindigkeit in m/s ; km/h
s = Weg in m ; km
t = Zeit in s ; h (Sekunde, Stunde)

Umrechnung von m/s nach km/h ist
m/s · 3,6 = km/h

Gleichförmige Kreisbewegung

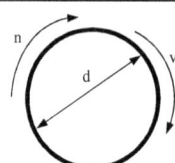

$$\boxed{v = \frac{d \cdot \pi \cdot n}{1000 \cdot 60}} \qquad d = \frac{v \cdot 1000 \cdot 60}{\pi \cdot n}$$

$$n = \frac{v \cdot 1000 \cdot 60}{d \cdot \pi}$$

v = Umfangsgeschwindigkeit m/s
d = Durchmesser mm
n = Drehzahl min^{-1}

Bremsen, Beschleunigung, Verzögerung	Formeln
Abbremsung, Bremsprüfung	Für Fahrzeuge ohne Druckluftbremse

$$z = \frac{F_B}{G_{KW}} \cdot 100\,\% \qquad F_B = m \cdot a \ ; \ G_{KW} = m \cdot g$$

$$\frac{F_B}{G_{KW}} \cdot 100\% = \frac{m \cdot a}{m \cdot g} \cdot 100\%$$

$$z = \frac{a}{g} \cdot 100\% \qquad ; \qquad a = \frac{z \cdot g}{100\%}$$

Für Fahrzeuge mit Druckluftbremse
Vereinfachte Hochrechnung

$$z = \frac{p_1 - 0,4}{p_2 - 0,4} \cdot \frac{F_B \cdot 100\%}{G_{KW}}$$

z   = Abbremsung in %
F_B = Gesamtbremskraft in N (Summe der
        einzelnen Radbremskräfte)
G_{KW} = Fahrzeuggewichtskraft in N
g   = Fallbeschleunigung / Erdbeschl. 9,81 m/s^2
a   = Bremsverzögerung in m/s^2
p_1 = Berechnungsdruck in bar
p_2 = Eingesteuerter Druck in bar
        (Blockiergrenze)
0,4 = Ansprechdruck in bar

Bremsarbeit, Bremsenergie

$$W_{Br} = \frac{m}{2} \cdot v^2 \qquad W_{Br} = F_B \cdot s \ ; \ F_B = m \cdot a$$

$$s = \frac{v^2}{2a}$$

$$P_B = \frac{m \cdot v^2}{2 \cdot t} \quad ; \quad t = \frac{v}{a} \quad ; \quad P_B = \frac{W_{Br}}{t}$$

W_{Br} = Bremsarbeit in Nm
m   = Fahrzeugmasse in kg
v   = Geschwindigkeit in m/s   t = Bremszeit in s
a   = Verzögerung in m/s^2 s = Bremsweg in m
P_B = Bremsleistung in Nm/s

F_B = Gesamtbremskraft in N

Beschleunigung aus dem Stand oder Verzögerung bis zum Stand	$a = \dfrac{v}{t}$ $v = a \cdot t$; $t = \dfrac{v}{a}$
	$v = \dfrac{2 \cdot s}{t}$; $s = \dfrac{v \cdot t}{2}$; $t = \dfrac{2 \cdot s}{v}$
	$a = \dfrac{2 \cdot s}{t^2}$; $t = \sqrt{\dfrac{2 \cdot s}{a}}$; $s = \dfrac{a \cdot t^2}{2}$
	$a = \dfrac{v^2}{2 \cdot s}$; $s = \dfrac{v^2}{2 \cdot a}$; $v = \sqrt{2 \cdot a \cdot s}$
	a = Beschleunigung/Verzögerung in m/s^2 v = Endgeschwindigkeit/Anfangsgeschwindigkeit in m/s t = Beschleunigungszeit/Verzögerungszeit in s s = Beschleunigungsweg/Verzögerungsweg in m
Beschleunigen in der Bewegung, Verzögerung in der Bewegung 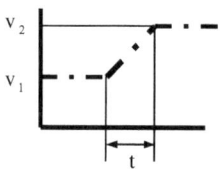	$a = \dfrac{v_2 - v_1}{t}$
	$v_1 = v_2 - a \cdot t$; $v_2 = v_1 + a \cdot t$
	$t = \dfrac{v_2 - v_1}{a}$; $t = \dfrac{2 \cdot s}{v_1 + v_2}$
	$s = \dfrac{v_1 + v_2}{2} \cdot t$; $s = v_1 \cdot t + \dfrac{a \cdot t^2}{2}$ $s = \dfrac{v_2{}^2 - v_1{}^2}{2 \cdot a}$; $a = \dfrac{v_2{}^2 - v_1{}^2}{2 \cdot s}$
	a = Beschleunigung / Verzögerung in m/s^2 s = Beschleunigungsweg / Verzögerungsweg in m t = Beschleunigungszeit / Verzögerungszeit in s v_1 = kleinere Geschwindigkeit in m/s v_2 = größere Geschwindigkeit in m/s
Bewegungsenergie	$E = \frac{1}{2} \cdot m_F \cdot v^2$
	E = Bewegungsenergie in Nm m_F = Fahrzeugmasse in kg v = Geschwindigkeit in m/s

Anhalteweg

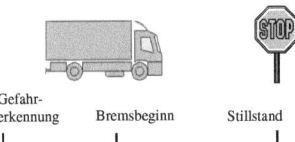 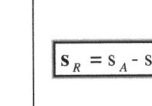 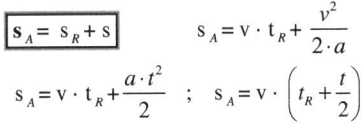

Gefahr-
erkennung   Bremsbeginn   Stillstand

s_R s

s_A

$$\boxed{s_A = s_R + s} \qquad s_A = v \cdot t_R + \frac{v^2}{2 \cdot a}$$

$$s_A = v \cdot t_R + \frac{a \cdot t^2}{2} \quad ; \quad s_A = v \cdot \left(t_R + \frac{t}{2} \right)$$

$$\boxed{s_R = s_A - s}$$

$$s_R = v \cdot t_A - 2 \cdot s \quad ; \quad s_R = v \cdot t_R \quad ; \quad s_R = v \cdot (t_A - t)$$

$$\boxed{s = s_A - s_R}$$

$$s = \frac{v^2}{2 \cdot a} \quad ; \quad s = \frac{a \cdot t^2}{2} \quad ; \quad s = \frac{v \cdot t}{2}$$

$$\boxed{t_A = t_R + t}$$

$$t_A = t_R + \frac{2 \cdot s}{v} \quad ; \quad t_A = t_R + \frac{v}{a} \quad ; \quad t_A = t_R + \sqrt{\frac{2 \cdot s}{a}}$$

$$\boxed{t_R = t_A - t}$$

$$t_R = t_A - \frac{2 \cdot s}{v} \quad ; \quad t_R = \frac{s_R}{v} \quad ; \quad t_R = t_A - \sqrt{\frac{2 \cdot s}{a}}$$

$$\boxed{t = t_A - t_R}$$

$$t = \frac{v}{a} \quad ; \quad t = \sqrt{\frac{2 \cdot s}{a}} \quad ; \quad t = \frac{2 \cdot s}{v}$$

s   = Bremsweg in m
s_R = Reaktionsweg in m
s_A = Anhalteweg in m
v   = Fahrgeschwindigkeit m/s
a   = Bremsverzögerung in m/s^2
t   = Bremszeit in s (Sekunde)
t_R = Reaktionszeit in s
t_A = Anhaltezeit in s

Faustformel Anhalteweg = $\dfrac{v}{10} \cdot 3 + \dfrac{v}{10} \cdot \dfrac{v}{10}$

$$\boxed{s_A = s_R + s}$$

(bei Faustf. v in km/h, s_A in m)

Überholen
mit konstanter Geschwindigkeit

$$\boxed{s_{\ddot{U}} = v_2 \cdot t} \qquad s_{\ddot{U}} = \frac{s_A \cdot v_2}{v_2 - v_1}$$

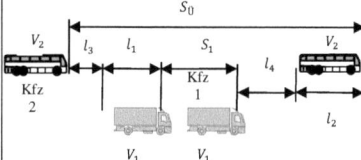

$$s_1 = v_1 \cdot t \quad ; \quad s_1 = \frac{s_A \cdot v_1}{v_2 - v_1}$$

$$t = s_{\ddot{U}} : v_2 \quad ; \quad s_{\ddot{U}} = s_1 + s_A$$

$$s_A = s_{\ddot{U}} - s_1 \quad ; \quad s_A = l_1 + l_2 + l_3 + l_4$$

$s_{\ddot{U}}$ = Überholweg des überholenden (schnelleren) Kfz 2 in m

l_1 = Länge des Kfz 1 in m

l_2 = Länge des Kfz 2 in m

l_3 u. l_4 = Kfz-Abstand in m

s_1 = Grundweg des überholten Kfz (langsameren) Kfz 1 in m

s_A = Aufholweg Kfz 2 in m

t = Überholzeit in s

v_1 = Geschwindigkeit Kfz 1 in m/s

v_2 = Geschwindigkeit Kfz 2 in m/s

Kraftstoffverbrauch	*Formeln*

Kraftstoff-Streckenverbrauch
Durchschnittsverbrauch

$$k_s = \frac{100 \cdot V_K}{s} \qquad s = \frac{100 \cdot V_K}{k_s} \quad ; \quad V_K = \frac{k_s \cdot s}{100}$$

k_s = Kraftstoff-Streckenverbrauch in l/100km
V_K = Kraftstoffverbrauch in l
s = Strecke in km

Kraftstoffverbrauch nach
DIN 70030-2

$$k = \frac{1,1 \cdot V_K \cdot 100}{s}$$

(LKW, Omnibusse, Krafträdern)

k = Kraftstoffverbrauch in l/100km
V_K = Kraftstoffverbrauch in l (Messverbrauch)
s = Prüfstrecke in km

Mischungsverhältnis für Zweitakt-
Motoren

$$V_M = V + K$$

$$V = \frac{V_M}{1+x}$$

$$V = K \cdot z \quad ; \quad K = \frac{V}{z} \quad ; \quad V = \frac{K}{x} \quad ; \quad \frac{1}{x} = \frac{V}{K}$$

$$z = \frac{1}{x} \quad ; \quad z = \frac{V}{K}$$

V_M = Zweitaktmischung in l
V = Schmierölvolumen in l
K = Kraftstoffvolumen in l
z = Mischungsverhältnis (Schmieröl/ Kraftstoff)
x = Kraftstoffanteil in der Zweitaktmischung

Mischungsverhältnis	*Formel*

Gefrierschutzmischung

$$V_K = V_W + V_F \qquad V_F = V_K - V_W$$

$$V_F = \frac{V_K \cdot p_F}{p_W + p_F} \quad ; \quad V_W = \frac{V_K \cdot p_W}{p_W + p_F}$$

$$p_F = \frac{p_W \cdot V_F}{V_W} \qquad p_W = \frac{p_F \cdot V_W}{V_F}$$

V_K = Kühlflüssigkeitsmenge in l
V_F = Gefrierschutzmenge in l
V_W = Wassermenge in l
p_F = Anteile an Gefrierschutzmittel
p_W = Anteile an Wasser

Berechnungen am Motor	*Formeln*

Hubraum

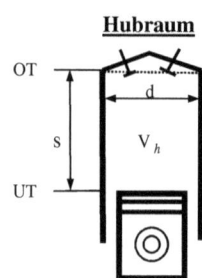

$$V_h = \frac{d^2 \cdot \pi}{4} \cdot s \qquad d = \sqrt{\frac{4 \cdot V_h}{\pi \cdot s}} \quad ; \quad s = \frac{4 \cdot V_h}{\pi \cdot d^2}$$

$$V_H = V_h \cdot z \qquad V_H = \frac{d^2 \cdot \pi}{4} \cdot s \cdot z$$

$$V_h = \frac{V_H}{z} \quad ; \quad z = \frac{V_H}{V_h}$$

V_h = Hubraum eines Zylinders in cm^3

V_H = Gesamthubraum in cm^3

z = Zylinderzahl

d = Zylinderdurchmesser in cm

s = Hub in cm

Hubverhältnis

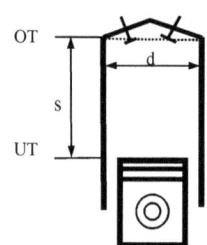

$$k = \frac{s}{d}$$

k > 1 Langhuber , k = 1 Quadrathuber , k < 1 Kurzhuber

d = Zylinderdurchmesser in cm

s = Hub in cm

k = Hubverhältnis

Verdichtungsverhältnis

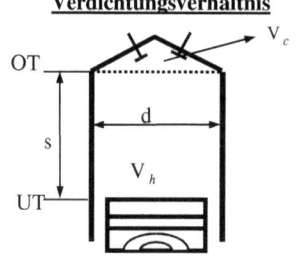

$$\varepsilon = \frac{V_h + V_c}{V_c}$$

$$V_h = V_c \cdot (\varepsilon - 1) \quad ; \quad V_c = \frac{V_h}{\varepsilon - 1}$$

ε = Verdichtungsverhältnis

V_c = Verdichtungsraum in cm^3

V_h = Hubraum eines Zylinders in cm^3

Kolbengeschwindigkeit

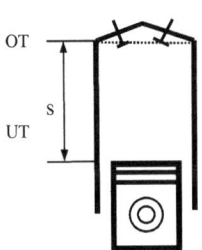

OT

UT

s

$$v_m = \frac{s \cdot n}{30}$$

$$s = \frac{30 \cdot v_m}{n} \quad ; \quad n = \frac{30 \cdot v_m}{s}$$

$$v_{max} \approx 1,6 \cdot v_m$$

v_m = mittlere Kolbengeschwindigkeit in m/s
v_{max} = maximale Kolbengeschwindigkeit in m/s
s = Hub in m
n = Motordrehzahl in 1/min

Nutzleistung und Drehmoment

1 kW = 1,36 PS

$$P_{eff} = \frac{M \cdot n}{9550} \quad M = \frac{9550 \cdot P_{eff}}{n} \quad ; \quad n = \frac{9550 \cdot P_{eff}}{M}$$

P_{eff} = Nutzleistung in kW
n = Motordrehzahl in 1/min
M = Motordrehmoment in Nm
(kann auch auf einem Motorprüfstand bestimmt werden)

Gewichtsleistung

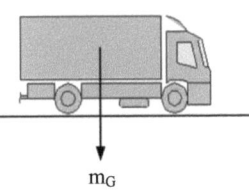

m_G

$$P_m = \frac{P_{eff}}{m_G}$$

$$P_{eff} = P_m \cdot m_G \quad ; \quad m_G = \frac{P_{eff}}{P_m}$$

P_m = Gewichtsleistung in kW/t
P_{eff} = Nutzleistung in kW
m_G = zulässiges Gesamtmasse
(zulässiges Gesamtgewicht) in t

Leistungsgewicht

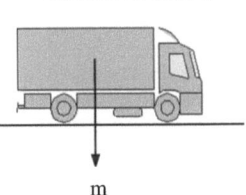

m

$$m_P = \frac{m}{P_{eff}} \quad ; \quad m = P_{eff} \cdot m_P \quad ; \quad P_{eff} = \frac{m}{m_P}$$

m_P = Leistungsgewicht in kg/kW
m = zulässiges Gesamtmasse in kg
(bei LKW u. Anhänger), bei PKW Leergewicht
P_{eff} = Nutzleistung in kW

Zahnradtrieb / Getriebe / Antriebstrang	Formeln

Zahnradtrieb
einfache Übersetzung

$$\boxed{n_1 \cdot z_1 = n_2 \cdot z_2} \qquad n_1 = \frac{n_2 \cdot z_2}{z_1}$$

$$i = \frac{z_2}{z_1} = \frac{n_1}{n_2} = \frac{n_a}{n_e}$$

Treibende Räder

z_1, z_3, z_5 = Zähnezahlen

n_1, n_3, n_5 = Drehzahlen in $\min^{-1}$ auch 1/min

Getriebene Räder

z_2, z_4, z_6 = Zähnezahlen

n_2, n_4, n_6 = Drehzahlen in $\min^{-1}$

i = Gesamtübersetzungsverhältnis

n_a = Anfangsdrehzahl

n_e = Enddrehzahl

Zahnradtrieb
doppelte Übersetzung

$$\boxed{n_1 \cdot z_1 \cdot z_3 = n_4 \cdot z_2 \cdot z_4}$$

$$i = \frac{z_2 \cdot z_4}{z_1 \cdot z_3}$$

Gleichachsiges Wechselgetriebe

$$\boxed{i_G = \frac{n_M}{n_G}} \qquad n_G = \frac{n_M}{i_G} \quad ; \quad n_M = n_G \cdot i_G$$

z.B. 1. Gang

$$\boxed{i_{G1} = \frac{z_2 \cdot z_4}{z_1 \cdot z_3}}$$

i_G = Getriebeübersetzung

n_G = Getriebeausgangsdrehzahl in 1/min

n_M = Motordrehzahl in 1/min

i_{G1} = Getriebeübersetzung z.B. im 1 Gang

i_{GR} = Rückwärtsgang

z_1 usw.= Zähnezahlen

Drehmomentübersetzung
Verluste unberücksichtigt

$$i_G = \frac{M_G}{M_M} \qquad M_G = i_G \cdot M_M \; ; \quad M_M = \frac{M_G}{i_G}$$

M_M = Motordrehmoment in Nm
M_G = Getriebeausgangsdrehmoment in Nm

Achsgetriebe

$$i_A = \frac{z_2}{z_1} \qquad n_A = \frac{n_G}{i_A} \qquad i_A = \frac{z_T}{z_K}$$

i_A = Übersetzung des Achsgetriebes
n_A = Drehzahl der Antriebsräder in 1/min
z_T = Zähnezahl des Tellerrades
z_K = Zähnezahl des Kegelrades

Gesamtübersetzung des Antriebstranges

$$i_{Tr} = i_G \cdot i_A$$

$$i_{Tr} = \frac{n_M}{n_A} \qquad n_A = \frac{n_M}{i_G \cdot i_A}$$

i_{Tr} = Übersetzung des Antriebstranges

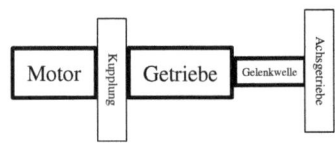

Antriebsleistung

$$P_A = P_{eff} \cdot \eta_{TR}$$

P_A = Leistung an den Antriebsrädern in kW
P_{eff} = Motorleistung in kW
η_{TR} = Wirkungsgrad des Antreibstrangs

Fahrgeschwindigkeit

$$v = \frac{3,6 \cdot 2 \cdot \pi \cdot r_{dyn} \cdot n_A}{60000} \qquad v = \frac{3,6 \cdot U_{dyn} \cdot n_A}{60000}$$

v = Fahrgeschwindigkeit in km/h
n_A = Drehzahl der Antriebsräder in 1/min
r_{dyn} = dynamischer Reifenhalbdurchmesser in mm
U_{dyn} = Abrollumfang in mm

Drehzahl der Antriebsräder

$$n_A = \frac{60000 \cdot v}{3,6 \cdot 2 \cdot \pi \cdot r_{dyn}}$$

Drehmomentübersetzung Kupplung
ohne Sicherheitsfaktor

$$M_K = F_A \cdot \mu \cdot r_m \cdot z$$

M_K = Drehmonent in Nm
F_A = Anpresskraft in N
r_m = Mittlerer Radius in m
μ = Reibungszahl
z = Zahl der Reibflächen

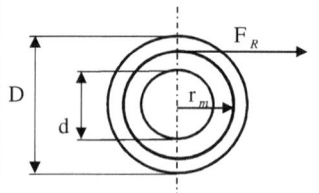

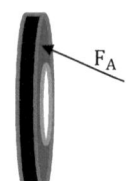

$$F_A = \frac{M_K}{r_m \cdot \mu \cdot z}$$

F_A = Anpresskraft in N

Reibungskraft Kupplung

$$F_R = F_A \cdot \mu \cdot z$$

F_R = Reibungskraft in N

Sicherheitsfaktor

$$S = \frac{M_K}{M_{max}}$$

S = Sicherheitsfaktor $\approx$ 1,1 bis 1,7
M_{max} = Motordrehmoment maximal in Nm

Fläche einer Belagseite

$$A = \frac{\pi}{4} \cdot (D^2 - d^2)$$

A = Fläche einer Belagseite in cm^2
D = Außendurchmesser in cm
d = Innendurchmesser in cm

Radumfang / Abrollumfang / Reifendurchmesser	Formeln
Reifenberechnung **Radumfang (Abrollumfang)** **Reifendurchmesser** 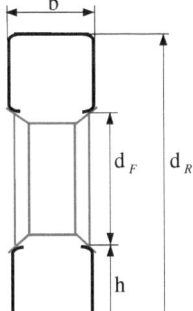	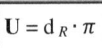 $$U = d_R \cdot \pi$$ 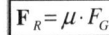 $$d_R = 2 \cdot b \cdot \frac{h/b}{100} + d_F \cdot 25{,}4$$ d_R = Reifendurchmesser in mm U = Radumfang in mm b = Reifenbreite in mm h/b = Verhältnis von Höhe zu Breite in % d_F = Felgendurchmesser in Zoll
Rollwiderstand 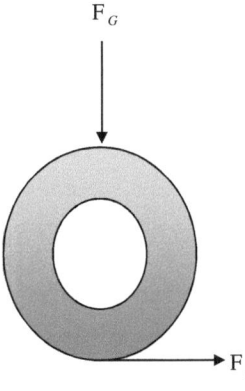	$$F_R = \mu \cdot F_G$$ F_R = Rollwiderstand in N μ = Rollreibungszahl F_G = Gewichtskraft in N

Mechanische – Arbeit / Leistung	Formeln

Mechanische Arbeit

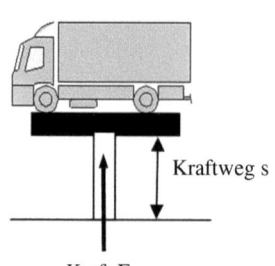

Kraftweg s

Kraft F

$$\boxed{W = F \cdot s}$$

$$F = \frac{W}{s} \quad ; \quad s = \frac{W}{F}$$

W = Arbeit in Nm
F = Kraft in N
s = Kraftweg in m

$1\,J = 1\,Ws = 1\,Nm = 1\,N \cdot 1\,m$

Mechanische Leistung

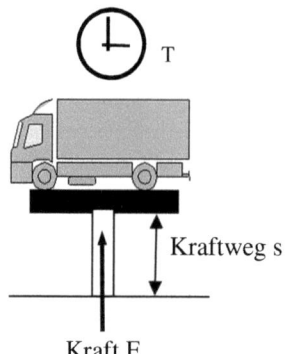

T

Kraftweg s

Kraft F

$$\boxed{P = \frac{W}{t}}$$

$$W = P \cdot t \quad ; \quad t = \frac{W}{P}$$

$$P = \frac{F \cdot s}{t} \quad ; \quad P = F \cdot v$$

P = Leistung in W ; Nm/s ; J/s
W = Arbeit in Nm ; J ; Ws
t = Zeit in s (Sekunde)
F = Kraft in N
s = Kraftweg in m
v = Geschwindigkeit in m/s

Wirkungsgrad

$$\boxed{\eta = \frac{P_{ab}}{P_{zu}} \quad ; \quad \eta = \frac{W_{ab}}{W_{zu}} \quad ; \quad \eta = \frac{M_{ab}}{M_{zu}}}$$

$\eta_G = \eta_1 \cdot \eta_2 \cdot \eta_3 \quad ; \quad P_v = P_{zu} - P_{ab}$

η = Wirkungsgrad

P_{ab} = abgegebene Leistung in W

P_{zu} = zugeführte Leistung in W

P_v = Verlustleistung in W

W_{ab} = abgegebene Arbeit in Nm

W_{zu} = zugeführte Arbeit in Nm

M_{ab} = abgegebenes Drehmoment in Nm

M_{zu} = zugeführtes Drehmoment in Nm

η_G = Gesamtwirkungsgrad

η_1 usw. = Teilwirkungsgrade

Elektrotechnik	*Formeln*

Ohmsches Gesetz

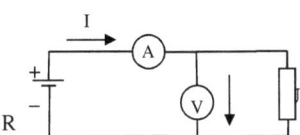

$$\boxed{I = \frac{U}{R}} \quad U = I \cdot R \quad ; \quad R = \frac{U}{I}$$

I = Stromstärke in A
U = Spannung in V
R = Widerstand in Ω

Schaltung von Widerständen

Reihenschaltung

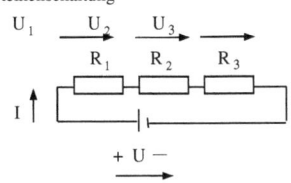

$$\boxed{R = R_1 + R_2 + R_3 \ldots}$$

$I = I_1 = I_2 = I_3 \ldots$
$U = U_1 + U_2 + U_3 \ldots$
$U_1 = R_1 \cdot I$

Parallelschaltung

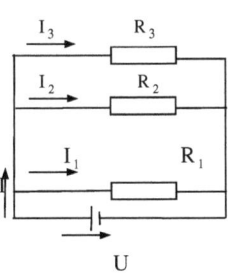

$$\boxed{\frac{1}{R} = \frac{1}{R_1} + \frac{1}{R_2} + \frac{1}{R_3} \ldots}$$

$I = I_1 + I_2 + I_3 \ldots \quad ; \quad I_1 = \frac{U}{R_1}$
$U = U_1 = U_2 = U_3 \ldots$

Für 2 parallele Widerstände

$$\boxed{R = \frac{R_1 \cdot R_2}{R_1 + R_2}}$$

R = Gesamtwiderstand in Ω
U = Gesamtspannung in V
I = Gesamtstromstärke in A
$U_1, U_2, U_3 =$ Teilspannungen in V
$I_1, I_2, I_3 =$ Teilströme in A
$R_1, R_2, R_3 =$ Teilwiderstände in Ω

Elektrische Leistung	$\boxed{P = U \cdot I}$ $\quad U = \dfrac{P}{I}$ $\quad ; \quad I = \dfrac{P}{U}$ $\boxed{P = I^2 \cdot R}$ $\quad I = \sqrt{\dfrac{P}{R}}$ $\quad ; \quad R = \dfrac{P}{I^2}$ $\boxed{P = \dfrac{U^2}{R}}$ $\quad U = \sqrt{P \cdot R}$ $\quad ; \quad R = \dfrac{U^2}{P}$ P = elektrische Leistung in W U = Spannung in V I = Stromstärke in A R = Widerstand in Ω
Elektrische Arbeit	$\boxed{W = P \cdot t}$ $\quad P = \dfrac{W}{t}$ $\quad ; \quad t = \dfrac{W}{P}$ $\boxed{W = U \cdot I \cdot t}$ W = elektrische Arbeit in Wh P = elektrische Leistung in W U = Spannung in V I = Stromstärke in A t = Zeit in h (Stunden)
Batteriekapazität **12 V** $\boxed{\textbf{44 Ah}}$	$\boxed{K = I \cdot t}$ $\quad I = \dfrac{K}{t}$ $\quad ; \quad t = \dfrac{K}{I}$ K = Kapazität in Ah I = Stromstärke in A t = Zeit in h (Stunden)

Druck	**Formeln**

Druck und Kraft

$$p = \frac{F}{A} \qquad F = p \cdot A \quad ; \quad A = \frac{F}{p}$$

$1\ bar = 10\ N/cm^2$

p = Druck in N/cm^2
A = Fläche in cm^2
F = Kraft in N

Hydraulische Kraftübertragung

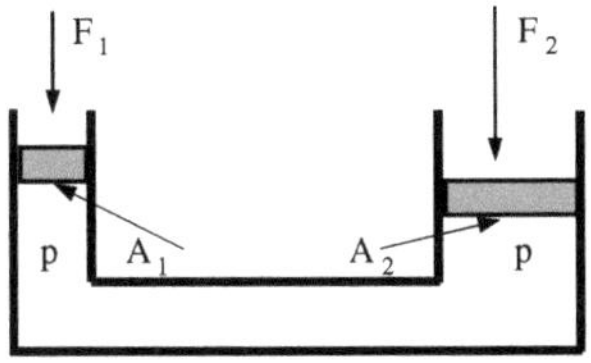

$$p = \frac{F_1}{A_1} \qquad p = \frac{F_2}{A_2} \qquad F_1 = p \cdot A_1 \quad ; \quad F_2 = p \cdot A_2$$

$$i_{hyd} = \frac{F_1}{F_2} \quad ; \quad i_{hyd} = \frac{A_1}{A_2}$$

p = Flüssigkeitsdruck in N/cm^2
A_1, A_2 = Kolbenfläche in cm^2
F_1, F_2 = Kräfte an den Kolben in N
i_{hyd} = hydraulisches Übersetzungsverhältnis

Maßstabsumrechnungen	*Formeln*

**Maßstabsumrechnungen
Kartenmaßstabberechnung**

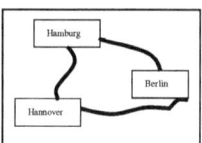

$$M = \frac{l_S \cdot 100}{l_K}$$

$$l_S = \frac{M \cdot l_K}{100} \qquad l_K = \frac{l_S \cdot 100}{M}$$

M = Maßstab (ohne Einheit; der Maßstab wird in
der Form **1** : angegeben)
l_S = Streckenlänge auf der Straße in m
l_K = Streckenlänge auf der Karte in cm

oder

**Maßstabsumrechnungen
Streckenlänge auf der Straße in km,
auf der Karte in cm**

$$M = \frac{l_S \cdot 100000}{l_K}$$

$$l_S = \frac{M \cdot l_K}{100000} \qquad l_K = \frac{l_S \cdot 100000}{M}$$

M = Maßstab (ohne Einheit; der Maßstab wird in
der Form **1** : angegeben)
l_S = Streckenlänge auf der Straße in km
l_K = Streckenlänge auf der Karte in cm

**Naturstrecke (Straße) in cm,
Kartenstrecke (Atlas) in cm**

$$M = \frac{N}{K}$$

M = Maßstab (ohne Einheit; der Maßstab wird in
der Form **1 :** angegeben)
N = Naturstrecke in cm
K = Kartenstrecke in cm

Lademeter	Formeln
Lademeter (Maximal Berechnung bei quergestellten Packstücke) 	LDM= 1m des Laderaums eines LKW oder Transportbehälters (z.B. Container) in der Länge Packstück = (z.B Europalette/Eurogitterboxen)
Ein Packstück ungestapelt	$$LDM = \frac{L\ddot{a}nge \cdot Breite}{2,4m}$$ LDM = Lademeter für <u>ein</u> Packstück Länge Packstück = in m Breite Packstück = in m 2,4 = Innenbreite Ladefläche in m
Ein Packstück gestapelt	$$LDM = \left(\frac{L\ddot{a}nge \cdot Breite}{2,4} \right) : Stapelfacktor$$ Stapelfaktor = wenn die Ware **2-fach** gestapelt werden kann, Stapelfaktor **2** LDM = Lademeter für <u>ein</u> Packstück gestapelt
Mehrere Packstücke **ungestapelt** **(mit gleicher Stellfläche)**	$$LDM = \left(\frac{L\ddot{a}nge \cdot Breite}{2,4} \right) \cdot \text{Anzahl der Packstücke}$$ LDM = Lademeter für ein Packstück ungestapelt
Mehrere Packstücke **gestapelt** **(mit gleicher Stellfläche)**	$$LDM = \left(\frac{L\ddot{a}nge \cdot Breite}{2,4} : Stapelfacktor \right) \cdot \text{Anzahl der Packstücke}$$ LDM = Lademeter für mehrere Packstücke gestapelt
Packstück ungestapelt	$LDM = \text{Anzahl Packstücke} \cdot 0,4$ $\text{Anzahl Packstücke} = \frac{LDM}{0,4}$ LDM = Lademeter für mehrere Packstücke ungestapelt 0,4 = nur bei Außenmaße 1,20m x 0,80m (z.B Europalette/Eurogitterboxen)
Packstück gestapelt	$LDM = \text{Anzahl Packstücke} \cdot 0,2$ $\text{Anzahl Packstücke} = \frac{LDM}{0,2}$ LDM = Lademeter für mehrere Packstücke gestapelt 0,2 = nur bei Außenmaße 1,20m x 0,80m (z.B Europalette/Eurogitterboxen)

Ladungssicherung standfeste Ladung	**Formeln vereinfachte Darstellung**

Gewichtskraft

$$F_G = m \cdot g$$

1 daN=1 kg (wenn g = 10 m/s²)
10 N = 1 daN

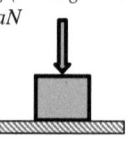

F_G = Gewichtskraft der Ladung
     (Ladungsgewicht) in N, umwandeln in daN
m = Masse der Ladung in kg
g   = Erdbeschleunigung /Fallbeschl. 9,81 m/s²

Massenkraft

$$F = F_G \cdot c$$

$\boxed{F = m \cdot a}$ F = Massenkraft in N

                        m = in kg
                        a = Beschleunigung in m/s²

F = Massenkraft (Längs-/Querricht. bei einer Vollbremsung) in daN
F_G = Gewichtskraft der Ladung in daN
c = Beschleunigungsbeiwert: nach vorn 0,8 zur Seite 0,5 und nach
    hinten 0,5

Reibungskraft

$$F_R = \mu \cdot F_G$$

F_R = Reibungskraft in daN
μ = Gleit-Reibbeiwert (siehe Tabelle VDI 2700)
F_G = Gewichtskraft der Ladung (Ladungsgewicht) in daN

Sicherungskraft
(standfeste Ladung)

$$F_s = F - F_R$$

F_s = Sicherungskraft in daN

Diese Gleichung gilt nur wenn μ < c (0,8 u.0,5)

**Die Sicherungskraft muss durch die Ladungssicherungsmaßnahmen
aufgebracht werden** (Stirnwand, Trennwand, verschiedene Sicherungsmethoden…)

Stirnwand

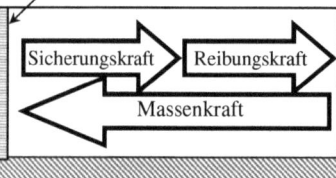

$$F_G = \frac{F_s}{c - \mu}$$

F_G = Gewichtskraft der Ladung (Ladungsgewicht) in daN

Aufbaustabilität
Stirnwand

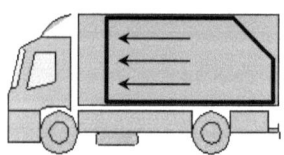

Berechnung der Differenzkraft
(noch zu sichernde Kraft unter Berücksichtigung der Stirnwand)

Ladungssicherung in Fahrtrichtung *(Belastung der Stirnwand)*

Belastbarkeit der Stirnwand
+ Reibungskraft (F_R)
Summe
− Maximale auftretende Kraft in Fahrtrichtung(80% F_G)
Differenzkraft *(noch zu sichernde Kraft)*

Diese Berechnung kann auch
angewandt werden zur Seite und
nach hinten
Unter Beachtung der Belastungswerte
50% F_G

Alle Kräfte in daN
Belastbarkeit der Stirnwand , Seitenwände u. Rückwand beachten
L-Code , XL-Code , usw.
Diese Werte können nur bei formschlüssiger Beladung angenommen werden!

Ladungssicherung Neue Norm „VDI" 2700 Blatt 2	Formeln vereinfachte Darstellung

Formschluss

Blockieren in Längs- oder Querrichtung

$$F_B = F - F_R$$

$$F_B = (c - \mu) \cdot F_G$$

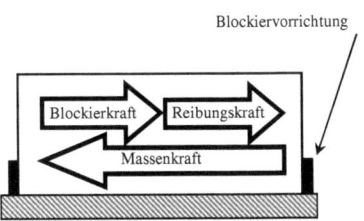

F_B = Blockierkraft in daN
F_G = Gewichtskraft der Ladung in daN
F = Massenkraft in daN
F_R = Reibungskraft in daN
μ = Gleit-Reibbeiwert (siehe Tabelle VDI 2700)
c = Beschleunigungsbeiwert: nach vorn 0,8 zur Seite und nach hinten 0,5

Kombinierte Ladungssicherung Blockieren in Längsrichtung u. Niederzurren

$$F_{iS} = \frac{F_G \cdot (c - \mu) - F_B}{k \cdot n \cdot \mu \cdot \sin \alpha}$$

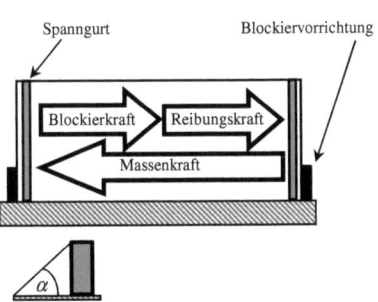

F_{iS} = Vorspannkraft eines Zurrmittels S_{TF} in **daN**
k = Übertragungsbeiwert 1,8 mit Kantengleiter (im Ausnahmefall 2)
$\sin \alpha$ = Sinuswert des Zurrwinkels α

Gesamtschwerpunkt

$$S_{ges} = \frac{(S_1 \cdot m_1) + (S_2 \cdot m_2) + (S_3 \cdot m_3) + (S_4 \cdot m_4)}{m_1 + m_2 + m_3 + m_4}$$

S_{ges} = Gesamtschwerpunkt in m von der Stirnwand
S_1 = Schwerpunkt der Ladung eins in m von der Stirnwand
m_1 = Masse Ladegut eins in kg

S und m sind beliebig erweiterbar

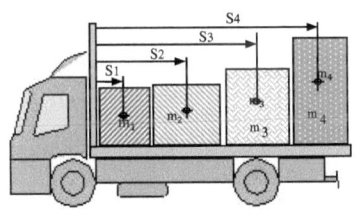

Ladungssicherung Neue Norm „VDI" 2700 Blatt 2	Formeln vereinfachte Darstellung

Sichern gegen Rutschen

Niederzurren
standfeste Ladung

$$n = \frac{(c - \mu) \cdot m \cdot g}{F_{iS} \cdot k \cdot \mu \cdot \sin \alpha}$$

Zurrwinkel Zurrmittel

$$F_{iS} = \frac{(c - \mu) \cdot m \cdot g}{n \cdot k \cdot \mu \cdot \sin \alpha} \quad ; \quad n = \frac{F_V}{F_{iS}} \quad ; \quad \boxed{F_V = n \cdot F_{iS}}$$

α

F_{iS} = Vorspannkraft eines Zurrmittels S_{TF} in **N**

n = Anzahl der Zurrmittel

c = Beschleunigungsbeiwert: nach vorn 0,8
zur Seite 0,5 und nach hinten 0,5

μ = Gleit-Reibbeiwert

m = Masse der Ladung in kg

k = Übertragungsbeiwert 1,8 mit Kantengleiter
(im Ausnahmefall 2)

$\sin \alpha$ = Sinuswert des Zurrwinkels α

g = Erdbeschleunigung /Fallbeschl. 9,81 m/s^2 ;
aufgerundet 10 m/s^2

F_V = Gesamtvorspannkraft S_{TF} im geraden Zug, die zur
Sicherung der **gesamten Ladung** erforderlich ist in]

Max. 50% Ausnutzung der zulässigen Zugkraft (LC) im
Zurrmittel empfohlen. $F_{iS} \cdot 2 = $ LC

oder :

$$F_v = \frac{(c - \mu) \cdot F_G}{k \cdot \mu \cdot \sin \alpha} \quad ; \quad n = \frac{F_{V\,(in\,daN)}}{F_{iS\,(in\,daN)}}$$

F_V = Gesamtvorspannkraft S_{TF} im geraden Zug, die zur
Sicherung der **gesamten Ladung** erforderlich ist
in daN

F_G = Ladungsgewicht (Gewichtskraft) in daN

F_{iS} = Vorspannkraft eines Zurrmittels S_{TF} in daN

Standfestigkeit
unverzurrte Ladung

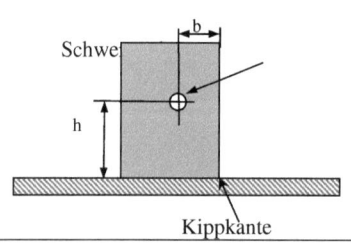

Schwe

b

h

Kippkante

$$\boxed{b > c \cdot h} \quad ; \quad \boxed{b > c \cdot h}$$

in Fahrtrichtung ; zur Seite und nach hinten

b = Abstand des Schwerpunktes zur Kippkante in cm

h = Schwerpunkthöhe in cm

c = Beschleunigungsbeiwert: nach vorn 0,8 zur ;
Seite 0,6 ; hinten 0,6

Ladungssicherung Neue Norm „VDI" 2700 Blatt 2	Formeln vereinfachte Darstellung

Sichern gegen Rutschen

Diagonalzurren in Längsrichtung standfeste Ladung

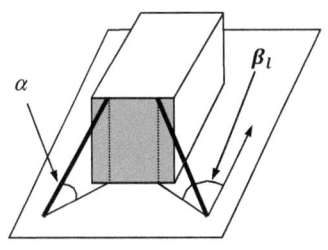

$$F_{iH} = \frac{c - \mu}{(\mu \cdot \sin \alpha) + (\cos \alpha \cdot \cos \beta_l)} \cdot \frac{F_G}{n}$$

F_{iH} = Rückhaltekraft im geraden Zug in daN jedes Zurrmittel LC

c = Beschleunigungsbeiwert: nach vorn 0,8 nach hinten 0,5

μ = Gleit-Reibbeiwert

F_G = Ladungsgewicht (Gewichtskraft) in daN

n = Anzahl der Zurrmittel pro Richtung (2)

$\sin \alpha$ = Sinuswert des Zurrwinkels α

$\cos \alpha$ = Cosinuswert des Zurrwinkels α

$\cos \beta_l$ = Cosinuswert des Zurrwinkels β_l

Diagonalzurren in Querrichtung standfeste Ladung

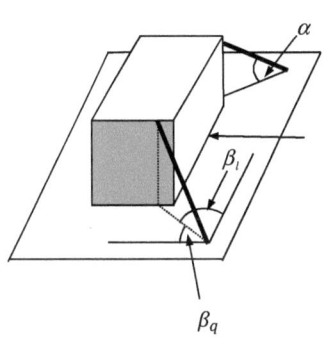

$$F_{iH} = \frac{c - \mu}{(\mu \cdot \sin \alpha) + (\cos \alpha \cdot \cos \beta_q)} \cdot \frac{F_G}{n}$$

oder

$$F_{iH} = \frac{c - \mu}{(\mu \cdot \sin \alpha) + (\cos \alpha \cdot \sin \beta_l)} \cdot \frac{F_G}{n}$$

F_{iH} = Rückhaltekraft im geraden Zug in daN jedes Zurrmittel LC

c = Beschleunigungsbeiwert: zur Seite 0,5

μ = Gleit-Reibbeiwert

F_G = Ladungsgewicht (Gewichtskraft) in daN

n = Anzahl der Zurrmittel pro Richtung (2)

$\sin \alpha$ = Sinuswert des Zurrwinkels α

$\cos \alpha$ = Cosinuswert des Zurrwinkels α

$\cos \beta_q$ = Cosinuswert des Zurrwinkels β_q ,($\beta_q = 90° - \beta_l$)

LC des Zurrmittels muss höher sein als das errechnete F_{iH}

Ladungssicherung Neue Norm „VDI" 2700 Blatt 2	Formeln vereinfachte Darstellung

Sichern gegen Rutschen

Schrägzurren
standfeste Ladung

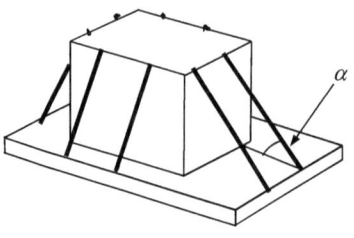

$$F_{iH} = \frac{c - \mu}{\mu \cdot \sin \alpha + \cos \alpha} \cdot \frac{F_G}{n}$$

F_{iH} = Rückhaltekraft im geraden Zug in daN jedes Zurrmittel LC

c = Beschleunigungsbeiwert: nach vorn 0,8 zur Seite 0,5 und nach hinten 0,5

μ = Gleit-Reibbeiwert

F_G = Ladungsgewicht (Gewichtskraft) in daN

n = Anzahl der Zurrmittel pro Richtung (2)

$\sin \alpha$ = Sinuswert des Zurrwinkels α

$\cos \alpha$ = Cosinuswert des Zurrwinkels α

Sichern gegen Rutschen

Rückhaltezurren
Kopfschlinge in Fahrtrichtung
(nach hinten)
standfeste Ladung

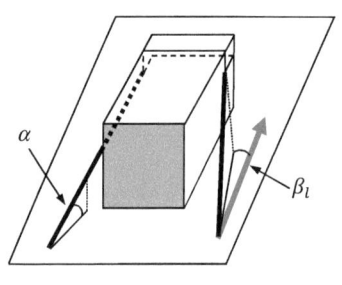

$$F_{iH} = \frac{c - \mu}{(\mu \cdot \sin \alpha) + (\cos \alpha \cdot \cos \beta_l)} \cdot \frac{F_G}{n}$$

F_{iH} = Rückhaltekraft im geraden Zug in daN jedes Zurrmittel LC in der Richtung, in der die Schlinge angeordnet ist.

c = Beschleunigungsbeiwert: nach vorn 0,8 nach hinten 0,5

μ = Gleit-Reibbeiwert

F_G = Ladungsgewicht (Gewichtskraft) in daN

n = Anzahl der Zurrmittel pro Richtung (2)

$\sin \alpha$ = Sinuswert des Zurrwinkels α

$\cos \alpha$ = Cosinuswert des Zurrwinkels α

$\cos \beta_l$ = Cosinuswert des Zurrwinkels β_l

Sichern gegen Rutschen

Seitenschlinge
standfeste Ladung

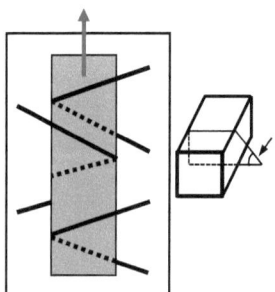

$$LC \geq \frac{1}{n} \cdot \frac{F_G \cdot (c - \mu)}{1 + \sin \alpha \cdot \mu + \cos \alpha}$$

LC = Lashing Capacity (zulässige Zugkraft) des Zurrmittels in daN

n = Zurrmittelanzahl (bei 3 Zurrmittel n = 1 bei 4 Z. n = 2)

c = Beschleunigungsbeiwert: zur Seite 0,5

F_G = Ladungsgewicht (Gewichtskraft) in daN

μ = Gleit-Reibbeiwert

Ladungssicherung Neue Norm „VDI" 2700 Blatt 2	Formeln vereinfachte Darstellung

Sichern gegen Kippen
nicht standfeste Ladung

> Nicht standsichere Ladegüter sind grundsätzlich gegen Kippen und Rutschen zu sichern. Beide Sicherungsergebnisse sind gegenüberzustellen. Der höhere Sicherungsbedarf ist anzusetzen.

Niederzurren
nicht standfeste Ladung
In Querrichtung

$$F_{iS} = \frac{m \cdot g \cdot (h \cdot c - b)}{n \cdot B \cdot \sin \alpha}$$

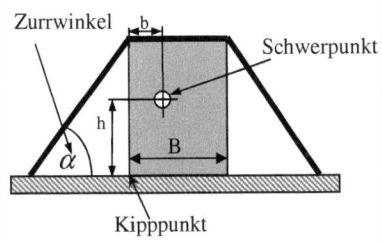

F_{iS} = Vorspannkraft eines Zurrmittels S_{TF} in **N**
    (umwandeln in daN)
n = Überspannung = 1
c = Beschleunigungsbeiwert: zur Seite 0,6
m = Masse der Ladung in kg
B = Breite der Ladung in m
h = Höhe Schwerpunkt in m
b = Abstand Schwerpunkt zur Kippkante in m
g = Erdbeschleunigung /Fallbeschl. 9,81 m/s^2 ;
    aufgerundet 10 m/s^2
$\sin \alpha$ = Sinuswert des Zurrwinkels α

Niederzurren
nicht standfeste Ladung
In Längsrichtung
(Fahrtrichtung , Entgegen)

$$F_{iH} = \frac{m \cdot g \cdot (h \cdot c - l)}{2 \cdot L \cdot \sin \alpha}$$

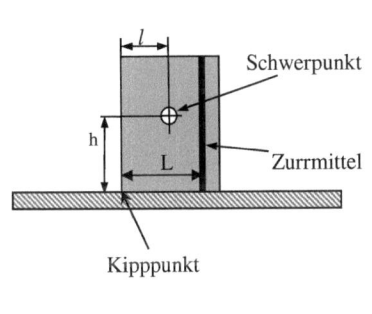

F_{iH} = Rückhaltekraft in **N** = LC eines Zurrmittels in N
    (umwandeln in daN)
c = Beschleunigungsbeiwert: nach vorn 0,8 nach
    hinten 0,6
m = Masse der Ladung in kg
L = Abstand der Überspannung zur jeweiligen Kippkante
    in Längsrichtung in m
h = Höhe Schwerpunkt in m
l = Abstand Schwerpunkt zur Kippkante in m
g = Erdbeschleunigung /Fallbeschl. 9,81 m/s^2 ;
    aufgerundet 10 m/s^2
$\sin \alpha$ = Sinuswert des Zurrwinkels α

F_{iH} = dieser Wert ist bei der Auswahl des Zurrmittels zu
    beachten

VDI 2700 Blatt 2

Ladungssicherung Neue Norm „VDI" 2700 Blatt 2	Formeln vereinfachte Darstellung

Sichern gegen Kippen

Diagonalzurren
nicht standfeste Ladung

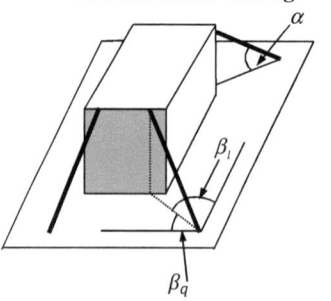

Nicht standsichere Ladegüter sind grundsätzlich gegen Kippen und Rutschen zu sichern. Beide Sicherungsergebnisse sind gegenüberzustellen. Der höhere Sicherungsbedarf ist anzusetzen.

Diagonalzurren in Fahrtrichtung (Längsrichtung)
nicht standfeste Ladung

$$F_{iH} = \frac{c \cdot \gamma \cdot h - l}{(H \cdot \cos \alpha \cdot \cos \beta_l + L \cdot \sin \alpha)} \cdot \frac{F_G}{n}$$

F_{iH} = Rückhaltekraft in daN, LC eines Zurrmittels
c = Beschleunigungsbeiwert: nach vorn 0,8 nach hinten 0,5
γ = Standsicherheitsbeiwert nach vorn 1 nach hinten 1,2
F_G = Ladungsgewicht (Gewichtskraft) in daN
n = Anzahl der Zurrmittel pro Richtung (2)
$\cos \alpha$ = Cosinuswert des Zurrwinkels α
$\cos \beta_l$ = Cosinuswert des Zurrwinkels β_l
$\sin \alpha$ = Sinuswert des Zurrwinkels α
L = Länge Angriffspunkt der Sicherungskraft an der Ladung in m
H = Höhe Angriffspunkt der Sicherungskraft an der Ladung in m
h = Höhe Schwerpunkt in m
l = Abstand Schwerpunkt zur Kippkante in m
F_{iH} = dieser Wert ist bei der Auswahl des Zurrmittels zu beachten

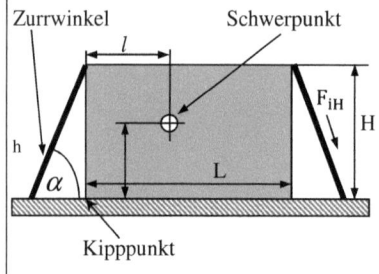

Zurrwinkel — Schwerpunkt — F_{iH} — H — h — l — L — α — Kipppunkt

Diagonalzurren in Querrichtung
nicht standfeste Ladung

$$F_{iH} = \frac{c \cdot \gamma \cdot h - b}{(H \cdot \cos \alpha \cdot \cos \beta_q + B \cdot \sin \alpha)} \cdot \frac{F_G}{n}$$

F_{iH} = Rückhaltekraft im geraden Zug in daN jedes Zurrmittel LC
c = Beschleunigungsbeiwert: zur Seite 0,5
γ = Standsicherheitsbeiwert zur Seite 1,2
F_G = Ladungsgewicht (Gewichtskraft) in daN
n = Anzahl der Zurrmittel pro Richtung (2)
$\sin \alpha$ = Sinuswert des Zurrwinkels α
$\cos \alpha$ = Cosinuswert des Zurrwinkels α
$\cos \beta_q$ = Cosinuswert des Zurrwinkels β_q
B = Breite Angriffspunkt der Sicherungskraft an der Ladung in m
h = Höhe Schwerpunkt in m
b = Abstand Schwerpunkt zur Kippkante in m
H = Höhe Angriffspunkt der Sicherungskraft an der Ladung in m

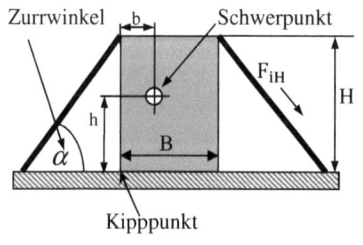

Zurrwinkel — b — Schwerpunkt — F_{iH} — H — h — B — α — Kipppunkt

Ladungssicherung Neue Norm „VDI" 2700 Blatt 2	Formeln vereinfachte Darstellung

Sichern gegen Kippen

Schrägzurren
nicht standfeste Ladung

> **Nicht standsichere Ladegüter sind grundsätzlich gegen Kippen und Rutschen zu sichern.
> Beide Sicherungsergebnisse sind gegenüberzustellen.
> Der höhere Sicherungsbedarf ist anzusetzen.**

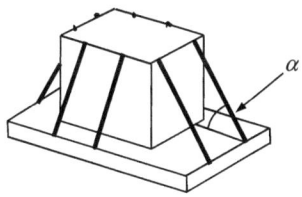

Schrägzurren in Fahrtrichtung
(Längsrichtung)
nicht standfeste Ladung

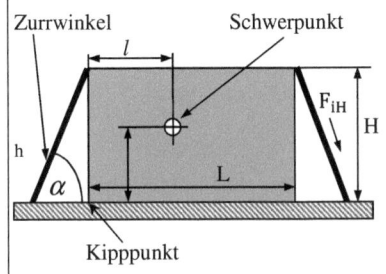

$$F_{iH} = \frac{c \cdot \gamma \cdot h - l}{(H \cdot \cos\alpha + L \cdot \sin\alpha)} \cdot \frac{F_G}{n}$$

F_{iH} = Rückhaltekraft im geraden Zug in daN jedes Zurrmittel LC
c = Beschleunigungsbeiwert: nach vorn 0,8 nach hinten 0,5
γ = Standsicherheitsbeiwert nach vorn 1 nach hinten 1,2
F_G = Ladungsgewicht (Gewichtskraft) in daN
n = Anzahl der Zurrmittel pro Richtung (2)
$\sin\alpha$ = Sinuswert des Zurrwinkels α
$\cos\alpha$ = Cosinuswert des Zurrwinkels α
L = Länge Angriffspunkt der Sicherungskraft an der Ladung in m
H = Höhe Angriffspunkt der Sicherungskraft an der Ladung in m
h = Höhe Schwerpunkt in m
l = Abstand Schwerpunkt zur Kippkante in m

Schrägzurren in Querrichtung
nicht standfeste Ladung

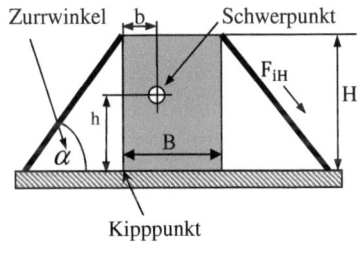

$$F_{iH} = \frac{c \cdot \gamma \cdot h - b}{(H \cdot \cos\alpha + B \cdot \sin\alpha)} \cdot \frac{F_G}{n}$$

F_{iH} = Rückhaltekraft im geraden Zug in daN jedes Zurrmittel LC
c = Beschleunigungsbeiwert: zur Seite 0,5
γ = Standsicherheitsbeiwert zur Seite 1,2
B = Breite Angriffspunkt der Sicherungskraft an der Ladung in m
h = Höhe Schwerpunkt in m
b = Abstand Schwerpunkt zur Kippkante in m
H = Höhe Angriffspunkt der Sicherungskraft an der Ladung in m

VDI 2700 Blatt 2

Ladungssicherung Neue Norm „VDI" 2700 Blatt 2	Formeln vereinfachte Darstellung

Sichern gegen Kippen

Nicht standsichere Ladegüter sind grundsätzlich gegen Kippen und Rutschen zu sichern. Beide Sicherungsergebnisse sind gegenüberzustellen. Der höhere Sicherungsbedarf ist anzusetzen.

Rückhaltezurren
Kopfschlinge in Fahrtrichtung
nicht standfeste Ladung

$$F_{iH} = \frac{c \cdot \gamma \cdot h - l}{(H \cdot \cos\alpha \cdot \cos\beta_l + L \cdot \sin\alpha)} \cdot \frac{F_G}{n}$$

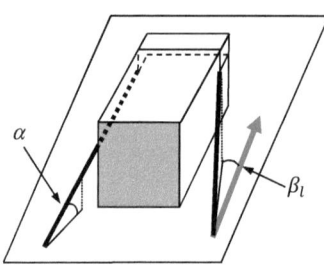

F_{iH} = Rückhaltekraft im geraden Zug in daN jedes Zurrmittels LC in der Richtung , in der die Schlinge angeordnet ist.

F_{iH} = dieser Wert ist bei der Auswahl des Zurrmittels zu beachten

$\cos\alpha$ = Cosinuswert des Zurrwinkels α
$\cos\beta_l$ = Cosinuswert des Zurrwinkels β_l
$\sin\alpha$ Sinuswert des Zurrwinkels α
c = Beschleunigungsbeiwert: nach vorn 0,8
F_G = Gewichtskraft der Ladung (Ladungsgewicht) in daN
n = 2 Zurrlinien
L = Länge Angriffspunkt der Sicherungskraft an der Ladung in m
l = Abstand Schwerpunkt zur Kippkante in m
H = Höhe Angriffspunkt der Sicherungskraft an der Ladung in m
h = Höhe Schwerpunkt in m

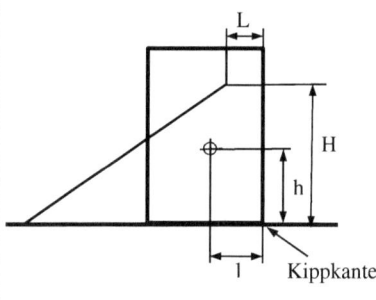

Ladungssicherung Neue Norm „DIN EN" 12195-1 Ausgabe 2011	Formeln vereinfachte Darstellung

Anzahl der Zurrpunkte (DIN EN 12640)

Berechnung nach Gewicht
Zulässige Zugkraft

$$x = \frac{1,5 \cdot Nutzlast}{Z}$$

x = Anzahl der Zurrpunkte (aufgerundet auf nächste gerade Zahl),beide Seiten
Z = zulässige Zugkraft des Zurrpunktes in daN
Nutzlast = in daN

Berechnung nach Größe der Ladefläche
Maximaler Abstand zwischen den Zurrpunkten

$$x = \frac{Ladelänge - (2 \cdot 0,5m)}{1,2m}$$

x = Anzahl der Felder (aufgerundet) + 1 = Anzahl der Zurrpunkte pro Seite
Ladelänge = in m
1,2 m = Längsseite gemessene Abstand zwischen den Zurrpunkten ≤ 1200 mm
0,5 m = Längsseite gemessene Abstand von der Stirnwand vorn u. hinten ≤ 500mm

Die höhere Anzahl von Zurrpunkten beider Berechnungen (unter Beachtung der Mindestanzahl) ist zu verwenden.

Gesamtschwerpunkt

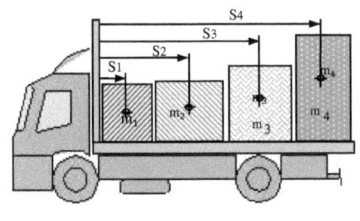

$$S_{ges} = \frac{(S_1 \cdot m_1) + (S_2 \cdot m_2) + (S_3 \cdot m_3) + (S_4 \cdot m_4)}{m_1 + m_2 + m_3 + m_4}$$

S_{ges} = Gesamtschwerpunkt in m von der Stirnwand
S_1 = Schwerpunkt der Ladung eins in m von der Stirnwand
m_1 = Masse Ladegut eins in kg

S und m sind beliebig erweiterbar

Formschluss
Blockieren in Längs- oder Querrichtung

$$F_B = F - F_R$$

$$F_B = (c - \mu) \cdot F_G$$

Blockiervorrichtung

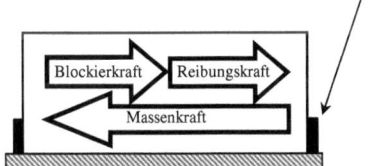

F_B = Blockierkraft in daN
F_G = Gewichtskraft der Ladung in daN
F = Massenkraft in daN
F_R = Reibungskraft in daN
μ = Gleit-Reibbeiwert
c = Beschleunigungsbeiwert: nach vorn 0,8 zur Seite und nach hinten 0,5

Ladungssicherung Neue Norm „DIN EN" 12195-1 Ausgabe 2011	*Formeln vereinfachte Darstellung*

Sichern gegen Rutschen

Niederzurren
standfeste Ladung

bei einem Zurrwinkel α
von <u>größer</u> als 83 Grad !
(wenn Zurrwinkel 90° =Vorspannkraft 100%)

$$F_V = \frac{(c - \mu) \cdot F_G}{2 \cdot \mu} \cdot f_s \qquad n = \frac{F_V}{F_T}$$

$$n = \frac{(c - \mu) \cdot F_G}{2 \cdot \mu \cdot F_T} \cdot f_s$$

$$F_T = \frac{(c - \mu) \cdot F_G}{n \cdot 2 \cdot \mu} \cdot f_s$$

F_V = Gesamtvorspannkraft S_{TF} im geraden Zug, die zur
     Sicherung der *gesamten Ladung* erforderlich
     ist in daN

F_T = Vorspannkraft eines Zurrmittels S_{TF} in daN

n = Anzahl der Zurrmittel

c = Beschleunigungsbeiwert: nach vorn 0,8 zur Seite 0,5
     und nach hinten 0,5

μ = Gleit-Reibbeiwert

F_G = Ladungsgewicht in daN

f_s = *Sicherheitsbeiwert nach vorn 1,25 zur*
     Seite und nach hinten 1,1

2 = für den ehemalig Übertragungsfaktor k wird
     die Zahl 2 eingesetzt

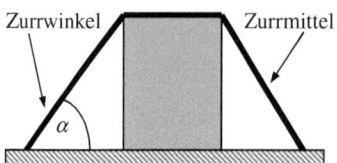

Zurrwinkel   Zurrmittel

α

Niederzurren
standfeste Ladung

bei einem Zurrwinkel α
von <u>kleiner</u> als 83 Grad

$$F_V = \frac{(c - \mu) \cdot F_G}{2 \cdot \mu \cdot \sin \alpha} \cdot f_s \qquad n = \frac{F_V}{F_T}$$

$$n = \frac{(c - \mu) \cdot F_G}{2 \cdot \mu \cdot \sin \alpha \cdot F_T} \cdot f_s$$

$$F_T = \frac{(c - \mu) \cdot F_G}{n \cdot 2 \cdot \mu \cdot \sin \alpha} \cdot f_s$$

F_V = Gesamtvorspannkraft S_{TF} im geraden Zug, die zur
     Sicherung der *gesamten Ladung* erforderlich
     ist in daN

F_T = Vorspannkraft eines Zurrmittels S_{TF} in daN

n = Anzahl der Zurrmittel

c = Beschleunigungsbeiwert: nach vorn 0,8
     zur Seite 0,5 und nach hinten 0,5

μ = Gleit-Reibbeiwert

F_G = Ladungsgewicht in daN

f_s = *Sicherheitsbeiwert nach vorn 1,25 zur*
     Seite und nach hinten 1,1

2 = für den ehemalig Übertragungsfaktor k wird die
     Zahl 2 eingesetzt

$\sin \alpha$ = Sinuswert des Zurrwinkels α

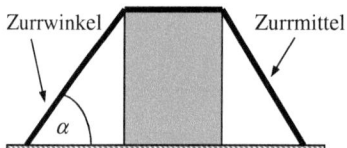

Zurrwinkel   Zurrmittel

α

Ladungssicherung Neue Norm „DIN EN" 12195-1 Ausgabe 2011	Formeln vereinfachte Darstellung

Sichern gegen Rutschen

Diagonalzurren in Längsrichtung
standfeste Ladung

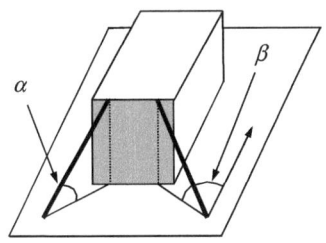

$$F_R = \frac{c - 0,75 \cdot \mu}{(0,75 \cdot \mu \cdot \sin\alpha) + (\cos\alpha \cdot \cos\beta)} \cdot \frac{F_G}{n}$$

F_R = Rückhaltekraft im geraden Zug in daN jedes Zurrmittel LC

c = Beschleunigungsbeiwert: nach vorn 0,8 und nach hinten 0,5

μ = Gleit-Reibbeiwert

0,75 kann bei Verwendung von rutschhemmenden Material durch 1 ersetzt werden

F_G = Ladungsgewicht in daN

n = Anzahl der Zurrmittel pro Richtung(2)

$\sin\alpha$ = Sinuswert des Zurrwinkels α

$\cos\alpha$ = Cosinuswert des Zurrwinkels α

$\cos\beta$ = Cosinuswert des Zurrwinkels β

Diagonalzurren in Querrichtung
standfeste Ladung

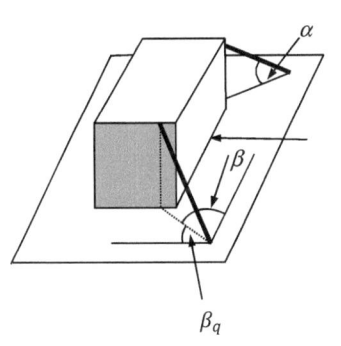

$$F_R = \frac{c - 0,75 \cdot \mu}{(0,75 \cdot \mu \cdot \sin\alpha) + (\cos\alpha \cdot \cos\beta_q)} \cdot \frac{F_G}{n}$$

F_R = Rückhaltekraft im geraden Zug in daN jedes Zurrmittel LC

c = Beschleunigungsbeiwert: zur Seite 0,5

μ = Gleit-Reibbeiwert

0,75 kann bei Verwendung von rutschhemmenden Material durch 1 ersetzt werden

F_G = Ladungsgewicht in daN

n = Anzahl der Zurrmittel pro Richtung (2)

$\sin\alpha$ = Sinuswert des Zurrwinkels α

$\cos\alpha$ = Cosinuswert des Zurrwinkels α

$\cos\beta_q$ = Cosinuswert des Zurrwinkels β_q ,($\beta_q = 90° - \beta$)

LC des Zurrmittels muss höher sein als das errechnete F_R

Ladungssicherung Neue Norm „DIN EN" *12195-1 Ausgabe 2011*	*Formeln vereinfachte Darstellung*

Sichern gegen Rutschen

Schrägzurren
standfeste Ladung

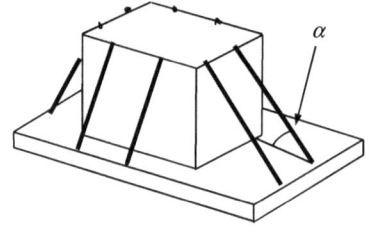

$$F_R = \frac{F_G}{n} \cdot \frac{c - 0,75 \cdot \mu}{(0,75 \cdot \mu \cdot \sin \alpha) + \cos \alpha}$$

F_R= Rückhaltekraft im geraden Zug in daN jedes Zurrmittel LC

c = Beschleunigungsbeiwert: nach vorn 0,8 zur Seite 0,5 und nach hinten 0,5

μ = Gleit-Reibbeiwert

0,75 kann bei Verwendung von rutschhemmenden Material durch 1 ersetzt werden

F_G = Ladungsgewicht in daN

n = Anzahl der Zurrmittel pro Richtung

$\sin \alpha$ = Sinuswert des Zurrwinkels α

$\cos \alpha$ = Cosinuswert des Zurrwinkels α

Sichern gegen Rutschen

Kopfschlinge in Fahrtrichtung
standfeste Ladung

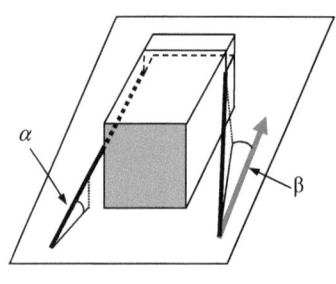

$$LC = \frac{c - 0,75 \cdot \mu}{(0,75 \cdot \mu \cdot \sin \alpha) + (\cos \alpha \cdot \cos \beta)} \cdot \frac{F_G}{n}$$

LC = Lashing Capacity (zulässige Zugkraft) des Zurrmittels in daN

$\cos \alpha$ = Cosinuswert des Zurrwinkels α

$\cos \beta$ = Cosinuswert des Zurrwinkels β

$\sin \alpha$ Sinuswert des Zurrwinkels α

c = Beschleunigungsbeiwert: nach vorn 0,8, wenn rückwärtig 0,5

F_G = Gewichtskraft der Ladung (Ladungsgewicht) in daN

n = 2 Zurrlinien

0,75 kann bei Verwendung von rutschhemmenden Material durch 1 ersetzt werden

---

Sichern gegen Rutschen
wenn $\beta = 90°$

Seitenschlinge ; Umreifung
standfeste Ladung

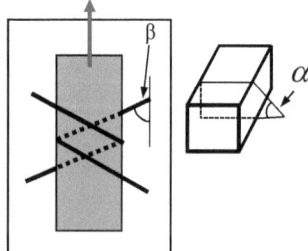

$$LC = \frac{c - 0,75 \cdot \mu}{(0,75 \cdot \mu \cdot \sin \alpha) + (\cos \alpha + 1)} \cdot \frac{F_G}{n}$$

LC = Lashing Capacity (zulässige Zugkraft) des Zurrmittels in daN

n = Zurrmittelanzahl (mindestens 2 Paaren von Zurrmittel)

c = Beschleunigungsbeiwert: zur Seite 0,5

0,75 kann bei Verwendung von rutschhemmenden Material durch 1 ersetzt werden

Ladungssicherung Neue Norm „DIN EN" 12195-1 Ausgabe 2011	*Formeln vereinfachte Darstellung*

Standfestigkeit
unverzurrte Ladung

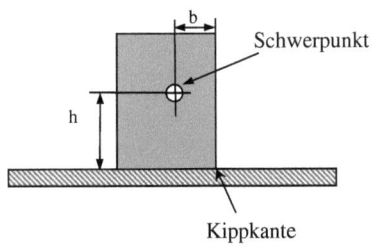

Schwerpunkt

Kippkante

$$b > \frac{c}{1} \cdot h \qquad ; \qquad b > \frac{c}{1} \cdot h$$

In Fahrtrichtung ; zur Seite

b = Abstand des Schwerpunktes zur Kippkante in cm
h = Schwerpunkthöhe in cm
c = Beschleunigungsbeiwert: nach vorn 0,8 zur ;
    Seite 0,5 hinten 0,5

$$\frac{b}{h} > \frac{c}{1} \qquad ; \qquad \frac{b}{h} > \frac{c}{1}$$

In Fahrtrichtung ; zur Seite

Sichern gegen Kippen

Niederzurren
nicht standfeste Ladung
In Querrichtung

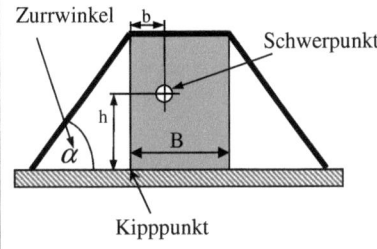

Zurrwinkel

Schwerpunkt

Kipppunkt

$$n \geq \frac{F_G \cdot (h \cdot c - b)}{F_T \cdot B \cdot \sin \alpha} \cdot f_s$$

$$F_T \geq \frac{F_G \cdot (h \cdot c - b)}{n \cdot B \cdot \sin \alpha} \cdot f_s$$

n = Anzahl der Zurrmittel
b = Abstand des Schwerpunktes zur Kippkante in m
h = Schwerpunkthöhe in m
B = Gesamtbreite des Ladegutes in m
c = Beschleunigungsbeiwert: zur Seite und
    nach hinten 0,5 (0,6)
F_T = Vorspannkraft eines Zurrmittels S_{TF} in daN
$\sin \alpha$ = Sinuswert des Zurrwinkels α
F_G = Gewichtskraft der Ladung (Ladungsgewicht) daN
f_s = Sicherheitsbeiwert zur Seite 1,1

Die Anzahl der zu verwendenden Zurrmittel sollte die größte Wert aus den folgenden beiden Berechnungen sein (max. halber Wert LC aus Sicherheit nicht überschreiten!):

1.) c = 0,5 berechnet mit $F_T = S_{TF}$	2.) c = 0,6 berechnet mit $F_T = 0,5$ LC
$$n \geq \frac{F_G \cdot (h \cdot 0,5 - b)}{S_{TF} \cdot B \cdot \sin \alpha} \cdot f_s$$	$$n \geq \frac{F_G \cdot (h \cdot 0,6 - b)}{0,5 LC \cdot B \cdot \sin \alpha} \cdot f_s$$

Sichern gegen Kippen

Niederzurren
nicht standfeste Ladung
In Längsrichtung (Fahrtrichtung)

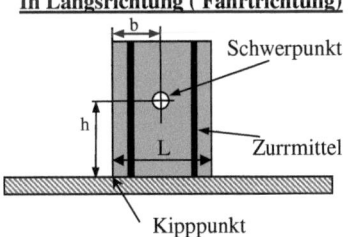

Schwerpunkt

Zurrmittel

Kipppunkt

$$n \geq \frac{F_G \cdot (h \cdot c - b)}{F_T \cdot L \cdot \sin \alpha} \cdot f_s$$

n = Anzahl der Zurrmittel
b = Abstand des Schwerpunktes zur Kippkante in m
h = Schwerpunkthöhe in m
L = Ladungslänge des Ladegutes in m
c = Beschleunigungsbeiwert: in Fahrtrichtung 0,8
$\sin \alpha$ = Sinuswert des Zurrwinkels α
F_G = Gewichtskraft der Ladung (Ladungsgewicht) daN
f_s = Sicherheitsbeiwert in Fahrtrichtung 1,25
    „Sicherheitswerte beachten"

Ladungssicherung Neue Norm „DIN EN" 12195-1 Ausgabe 2011	Formeln vereinfachte Darstellung

Sichern gegen Kippen

Diagonalzurren in Längsrichtung
nicht standfeste Ladung

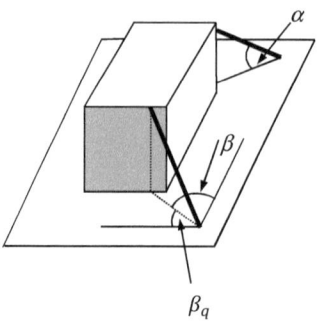

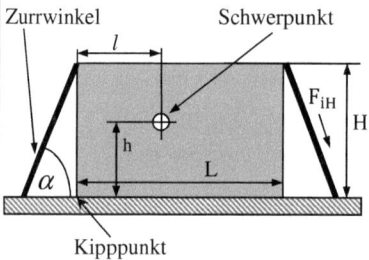

$$F_R = \frac{c \cdot h - l}{(H \cdot \cos \alpha \cdot \cos \beta + L \cdot \sin \alpha)} \cdot \frac{F_G}{n}$$

F_R = Rückhaltekraft im geraden Zug in daN jedes Zurrmittel LC

c = Beschleunigungsbeiwert: nach vorn 0,8 nach hinten 0,5

F_G = Ladungsgewicht (Gewichtskraft) in daN

n = Anzahl der Zurrmittel pro Richtung (2)

$\cos \alpha$ = Cosinuswert des Zurrwinkels α

$\cos \beta$ = Cosinuswert des Zurrwinkels β

$\sin \alpha$ = Sinuswert des Zurrwinkels α

L = Länge Angriffspunkt der Sicherungskraft an der Ladung in m

H = Höhe Angriffspunkt der Sicherungskraft an der Ladung in m

h = Höhe Schwerpunkt in m

l = Abstand Schwerpunkt zur Kippkante in m

F_R = dieser Wert ist bei der Auswahl des Zurrmittels zu beachten

Diagonalzurren in Querrichtung
nicht standfeste Ladung

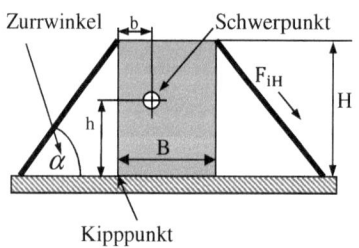

$$F_R = \frac{c \cdot h - b}{(H \cdot \cos \alpha \cdot \cos \beta_q + B \cdot \sin \alpha)} \cdot \frac{F_G}{n}$$

F_R = Rückhaltekraft im geraden Zug in daN jedes Zurrmittel LC

c = Beschleunigungsbeiwert: zur Seite 0,6

F_G = Ladungsgewicht (Gewichtskraft) in daN

n = Anzahl der Zurrmittel pro Richtung (2)

$\sin \alpha$ = Sinuswert des Zurrwinkels α

$\cos \alpha$ = Cosinuswert des Zurrwinkels α

$\cos \beta_q$ = Cosinuswert des Zurrwinkels β_q

B = Breite Angriffspunkt der Sicherungskraft an der Ladung in m

h = Höhe Schwerpunkt in m

b = Abstand Schwerpunkt zur Kippkante in m

H = Höhe Angriffspunkt der Sicherungskraft an der Ladung in m

$\cos \beta_q$ = Cosinuswert des Zurrwinkels β_q ,($\beta_q = 90° - \beta$)

Ladungssicherung Neue Norm „DIN EN" 12195-1 Ausgabe 2011	Formeln vereinfachte Darstellung

Sichern gegen Kippen

Kopfschlinge in Fahrtrichtung
nicht standfeste Ladung

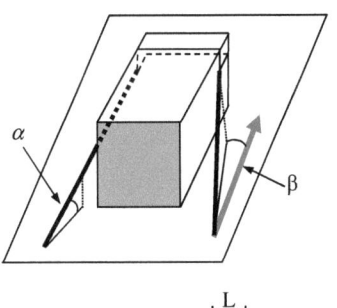

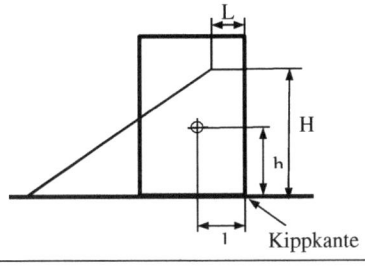

$$LC = \frac{c \cdot h - l}{(L \cdot \sin \alpha) + (H \cdot \cos \alpha \cdot \cos \beta)} \cdot \frac{F_G}{n}$$

LC = Lashing Capacity (zulässige Zugkraft) des
    Zurrmittels in daN
$\cos \alpha$ = Cosinuswert des Zurrwinkels α
$\cos \beta$ = Cosinuswert des Zurrwinkels β
$\sin \alpha$ Sinuswert des Zurrwinkels α
c = Beschleunigungsbeiwert: nach vorn 0,8
F_G = Gewichtskraft der Ladung (Ladungsgewicht)
    in daN
n = 2 Zurrlinien
L = Länge Angriffspunkt der Sicherungskraft
    an der Ladung in m
l = Abstand Schwerpunkt zur Kippkante in m
H = Höhe Angriffspunkt der Sicherungskraft
    an der Ladung in m
h = Höhe Schwerpunkt in m

Sichern gegen Kippen

Seitenschlinge ; Umreifung zur Seite
von einer oder mehrerer Frachtreihen
nicht standfeste Ladung

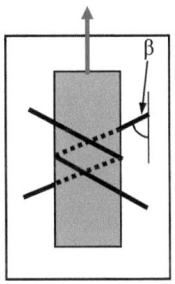

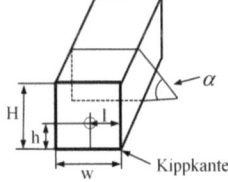

$$n \geq \frac{c \cdot h - l}{w \cdot \sin \alpha + \cos \alpha \cdot \sin \beta \cdot H + 0{,}25 \cdot (N-1) \cdot w} \cdot \frac{F_G}{F_R}$$

n = wenn n > 2 (Zurrmittel) sind besondere
    Maßnahmen zu ergreifen
c = Beschleunigungsbeiwert: zur Seite 0,6
F_R = Zur Vermeidung von Kippen ist F_R höchstens
    als 0,5 LC anzunehmen
h = Höhe Schwerpunkt in m
H = Höhe Angriffspunkt der Sicherungskraft
    an der Ladung in m
l = Abstand Schwerpunkt zur Kippkante in m
w = Breite des Ladung
$\cos \alpha$ = Cosinuswert des Zurrwinkels α
$\sin \beta$ = Sinuswert des Zurrwinkels β
$\sin \alpha$ = Sinuswert des Zurrwinkels α
F_G = Gewichtskraft der Ladung (Ladungsgewicht)
    in daN
N = Anzahl der Reihen (Frachtreihen)
0,25 = innere Reibbeiwert, Gleichgewichtsgleichung
    an den Kanten

Fahrdauer /Lenkzeit	*Formeln*

Fahrdauer

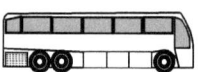

$$FD = \frac{S}{V}$$

$$S = FD \cdot V \quad ; \quad V = \frac{S}{FD}$$

FD = Fahrdauer in h
V = Durchschnittsgeschwindigkeit in km/h
S = Zurückgelegte Strecke in km

Fahrkilometer bis zur Fahrtunterbrechung

Oder Maximale KM bis zur ersten gesetzlichen fortgeschriebenen Fahrtunterbrechung

$$S = V \cdot FD$$

S = Zurückgelegte Strecke in km
FD = Fahrdauer in h
V = Durchschnittsgeschwindigkeit in km/h

Gesamtlenkzeit

$$GLZ = \frac{S}{V}$$

GLZ = Gesamtlenkzeit in h
V = Durchschnittsgeschwindigkeit in km/h
S = Zurückgelegte Strecke (Gesamtfahrstr.) in km

Gesamtfahrtzeit

$$GVZ = LZ + FU + TRZ + BE$$

GVZ = Gesamtfahrzeit in h
LZ = Lenkzeit in h
FU = Fahrtunterbrechung in h
TRZ = Tägliche Ruhezeit
BE = Be.-und Entladezeit oder Tankstopp usw.

Zeitberechnung
Stunden , Minuten , Sekunden
h   min   s

Stunde in Minuten = Stunden· 60

0,Stunden in Minuten = 0,Stunden · 60

Minuten in Stunden = Minuten : 60

Minuten in Sekunden = Minuten · 60

Sekunden in Minuten = Sekunden : 60

Sekunden in Stunden = Sekunden : 3600

1 Tag hat 24 Stunden

Gewichte Bus/KOM	Formeln

Gepäckgewicht Einzel

$$\text{Gepäckgewicht Einzel} = \frac{\text{Zuladung} - PG(\text{Einzel}) \cdot PA}{\text{Gepäckstückanzahl}}$$

Gepäckgewicht Einzel = in kg
Zuladung = in kg
PG = Personengewicht (Einzel) in kg
PA = Personenanzahl
Gepäckstückanzahl

Zuladung tatsächlich

$$\text{Zuladung tatsächlich} = PG(\text{Einzel}) \cdot PA + GG(\text{Einzel}) \cdot \text{Gepäckstückanzahl}$$

Zuladung tatsächlich = in kg
PG = Personengewicht (Einzel) in kg
PA = Personenanzahl
GG = Gepäckgewicht (Einzel) in kg
Gepäckstückanzahl

Nutzmasse

$$\text{Nutzmasse} = \text{zGM} - \text{Leermasse} \qquad \text{zGM} = \text{Leermasse} + \text{Nutzmasse}$$

Nutzmasse = in kg
zGM = zulässige Gesamtmasse (Zulässiges Gesamtgewicht) in kg
Leermasse (Leergewicht) einschließlich Fahrer = in kg

Zuladung

$$\text{Zuladung} = \text{Nutzmasse} - \text{Gewicht Fahrgäste} - \text{Getränke und Vorräte}$$

Zuladung = in kg
Nutzmasse = in kg
Gewicht Fahrgäste = in kg
Getränke und Vorräte = in kg

Tatsächliche Masse BUS/KOM

$$\text{Tatsächliche Masse} = \text{Leermasse} + \text{Gewicht Fahrgäste} + \text{Gewicht Gepäck} + \text{usw.}$$

Tatsächliche Masse = in kg
Gewicht Gepäck = in kg

Gepäck je Fahrgast

$$\text{Gepäck je Fahrgast} = \frac{\text{Zuladung}}{\text{Fahrgäste}}$$

Gepäck je Fahrgast = in kg
Zuladung = in kg
Fahrgäste = Anzahl der Fahrgäste

Fahrpersonalbedarf / Kosten Bus	Formeln
Fahrpersonalbedarf pro Linie ohne Personalreserve	$\boxed{\textbf{Fahrpersonalbedarf} = \text{Fahrzeuge} \cdot \text{Dienste}}$ Fahrpersonalbedarf = Anzahl der benötigten Personen (aufgerundet) Dienste = aufgerundet (Fahrplanzeit / Dienstlänge) Fahrzeuge = Beachtung mit oder ohne Fahrzeugreserve
Gesamtbedarf **Fahrpersonalbedarf** ohne Personalreserve	$\boxed{\textbf{Gesamtbedarf Fahrp.} = \text{Fahrpers.Linie 1} + \text{Fahrpers. Linie 2 usw}.}$
Personalreserve	$\boxed{\textbf{Personalreserve} = \dfrac{Fahrpersonal \cdot \Pr ozentsatz}{100\%}}$
Fahrpersonalbedarf mit Personalreserve pro Linie	$\boxed{\textbf{Fahrpersonalbedarf} = \text{Fahrpersonal} \cdot \text{Personalfaktor}}$ Fahrpersonalbedarf = Fahrpersonal + Personalreserve
Fahrpersonalbedarf mit Personalreserve und Personalfaktor pro Linie	$\boxed{\textbf{Fahrpersonalb.} = \dfrac{Fahrzeugb \cdot Personalreserve \cdot Personalfaktor}{100\%}}$ Fahrpersonalbedarf = Personenanzahl für die komplette Linie (aufgerundet) Personalfaktor = Personalanzahl pro Fahrzeug Personalreserve = in % Fahrzeugbedarf = Fahrzeuganzahl für die komplette Linie
Gesamtbedarf **Fahrpersonalbedarf** mit Personalreserve	$\boxed{\textbf{Gesamtbedarf Fahrp.} = \text{Fahrpers.aller Linien} \cdot \text{Personalfaktor}}$ Gesamtbedarf Fahrpers.= Fahrpers.aller Linien + Personalreserve
Fahrpersonalkosten/Jahr	$\boxed{\textbf{Fahrpersonalkosten/Jahr} = \text{Fahrpers.} \cdot \text{Personalkosten/Jahr}}$ Fahrpersonalkosten/Jahr = in € Personalkosten je Fahrer pro Jahr = in € Fahrpersonal = Anzahl

Fahrzeugbedarf , Taktzeit, Umlaufzeit	Formeln
Fahrzeugbedarf, Taktzeit, Umlaufzeit pro Linie ohne Fahrzeugreserve 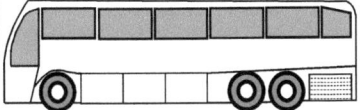	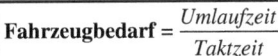 $$\text{Fahrzeugbedarf} = \frac{Umlaufzeit}{Taktzeit}$$ Umlaufzeit = Fahrzeugbedarf · Taktzeit $$\text{Taktzeit} = \frac{Umlaufzeit}{Fahrzeugbedarf}$$ Fahrzeugbedarf = Anzahl der benötigten Fahrzeuge (aufgerundet) Umlaufzeit = Gesamtzeit, die ein Fahrzeug für eine komplette Linie benötigt in min (ab dem Ausgangspunkt bis zum Endpunkt und zurück incl. Pausen). Taktzeit (Taktfrequenz) = Gleichmäßige Zeitpunkte, an denen die Fahrzeuge losfahren in min.
Fahrzeugbedarf, Taktzeit, Umlaufzeit pro Linie ohne Fahrzeugreserve Bei Einsatz von ein oder mehreren Fahrzeugen 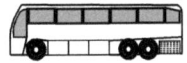	$$\text{Fahrzeugbedarf} = \frac{Umlaufzeit \cdot Fahrzeug}{Taktzeit}$$ Fahrzeug = Anzahl Fahrzeuge pro Linie in einer Umlaufzeit (aufgerundet)
Gesamtbedarf Fahrzeuge ohne Fahrzeugreserve	Gesamtbedarf = Fahrzeugb.Linie 1+ Fahrzeugb. Linie 2 usw.
Fahrzeugreservebedarf	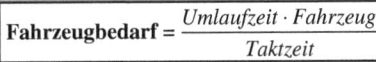 $$\text{Fahrzeugreservebedarf} = \frac{Fahrzeugbedarf \cdot Pr\,ozentsatz}{100\%}$$ Fahrzeugreservebedarf = pro Linie oder Gesamt (aufgerundet) Fahrzeugbedarf = pro Linie oder Gesamt (aufgerundet) Prozentsatz = Fahrzeugreserve in %
Gesamtfahrzeugbedarf Fahrzeugbedarf incl. Fahrzeugreserve 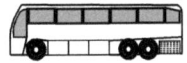	Gesamtfahrzeugbedarf=Fahrzeuge + Fahrzeugreservebedarf Fahrzeuge aller Linien Fahrzeugreservebedarf = Prozentsatz der Soll-Linienstärke umgerechnet in Fahrzeuge

Fahrzeugeinsatzplanung, Risikobereich	Formeln
Risikobereich/Arbeitsplatz/ Tätigkeit	$\boxed{P = L + H + A = S \cdot Z}$ P = Punktwert L = Lastwichtung H = Haltungswichtung A = Ausführungsbedingung Wichtung S = Summe Z = Zeitwichtung
Wendezeiten, Umlaufzeiten,Lenkzeiten (wenn alle Zeit für Hin- und Rückweg, Wendezeiten gleich sind sowie Haltestellen) Linienstart Haltestellen Endhaltestelle / Linienwendestelle	$\boxed{T_U = T_L \cdot 2 + T_W \cdot 2}$ T_U = Umlaufzeit in min T_L = Lenkzeit in min T_W = Wendezeit in min $\boxed{\eta_{FP} = \dfrac{2 \cdot T_L}{T_U}}$ η_{FP}=Fahrplanwirkungsgrad
Wendezeiten, Umlaufzeiten,Lenkzeiten (wenn alle Zeit für Hin- und Rückweg, Wendezeiten unterschiedlich sind sowie Haltestellen) Linienstart Haltestellen Endhaltestelle / Linienwendestelle	$\boxed{T_U = T_{LH} + T_{WS} + T_{LR} + T_{WE}}$ T_U = Umlaufzeit in min T_{LH} = Lenkzeit Hinweg in min T_{WS} = Wendezeit Starthaltestelle in min T_{LR} = Lenkzeit Rückweg in min T_{WE} = Wendezeit Endhaltestelle in min $\boxed{\eta_{FP} = \dfrac{T_{LH} + T_{LR}}{T_U}}$ η_{FP}=Fahrplanwirkungsgrad
Haltestellenaufenthaltzeit (Haltezeit) Haltestellen	$\boxed{T_H = T_B + T_A + T_{FGW}}$ T_H = Haltestellenaufenthaltzeit in sec T_B = Zeit bis zum Beginn des Fahrgastwechsels in sec T_A = Zeit bis zur Abfahrt des Fahrzeugs in sec T_{FGW} = Fahrgastwechselzeit in sec
Anteil der Aussteiger für beide Richtungen an einem Haltepunkt	$\boxed{A_H = \dfrac{A \cdot 100}{A_G}}$ A_H= Aussteiger an einem Haltepunkt in % A = Aussteiger an einem Haltepunkt als Summe über einen Betriebstag A_G= Gesamtzahl aller Aussteiger als Summe über den Betriebstag

Haustarif	*Formeln*
Haustarif für Güterkraftverkehr	Festlegung der Basisdaten Fahrzeug
	• Kalk. Lebensdauer Reifen
Vereinfachte Darstellung der Kosten, ohne Unternehmergewinne. Grundlage für eine Tariftabelle (gefahrene km/Einsatzzeit in Tagen)	• Kalk. Lebensdauer LKW (Jahre)
	• Kaufpreis LKW/Anhänger
	• Einsatztage pro Jahr
	• Treibstoffverbrauch in l/100km
	1. Ermittlung der Fixkosten für Fahrzeuge
Abschreibungsdauer beachten.	+ Kraftfahrzeugsteuer/Jahr
	+ Kaskoversicherung/Jahr
	+ Abschreibung/Jahr
	+ Anderweitige Fixkosten/Jahr
	Fixkosten pro Jahr
	(Motorwagen + Anhänger = Gesamt/Lastzug pro Jahr)
	Summe : Einsatztage = Fixkosten pro Tag in €
	Summe 1.
	2. Ermittlung der variablen Kosten für Fahrzeuge
Es sind des weiteren Kosten wie Tunnelgebühren ,Fährkosten usw. zu berücksichtigen.	+ Treibstoffverbrauch €/km
	+ Schmierstoffe/Öle €/km
	+ Reifenkosten €/km
	+ Reparaturkosten €/km
	+ LKW Maut Autobahn €/km
	(Motorwagen + Anhänger = Gesamt/Lastzug)
	Summe = variable Kosten pro km in €
	Summe 2.
	3. Ermittlung der Fahrpersonal-Einsatzkosten
	+ Bruttolohn pro Fahrer
	+ Arbeitgeberanteile siehe Angaben % vom Bruttolohn (Sozialversicherung + Berufsgenossenschaft)
	Lohnkosten pro Fahrer und Jahr
	+ Urlaub- u. Krankheitsvertretung siehe Angaben % von Lohnkosten pro Fahrer und Jahr
	+ Spesen für 1 Fahrer pro Jahr
	Gesamtkosten pro Fahrer und Jahr
	Summe : Einsatztage = Kosten Fahrerbesatzung pro Einsatztag in €
	Summe 3.
	Siehe nächste Seite

Haustarif	Formeln
	4. Ermittlung der Verwaltungs - u. Nebenkosten + Summe der Nebenkosten pro Jahr (Lohnkosten für Büropersonal Transportversicherung usw.) **Summe der Nebenkosten pro Jahr Summe : Einsatztage = Summe der Nebenkosten pro Einsatztag in €** **Summe 4.**
Grundlage für eine Tariftabelle (gefahrene km/Einsatzzeit in Tagen)	**Übersicht Gesamtkosten** + **Fixkosten pro Tag** **Summe 1.** + **Kosten Fahrerbes. pro E.Tag** **Summe 3.** + **Summe Nebenk. pro E.Tag** **Summe 4.** **Summe der Fixkosten pro Einsatztag in €** **Variable Kosten pro km in €** **Summe 2.**

Prozent,-Promille,-Zinsrechnung	*Formeln*
Prozentrechnung	$$P_W = \frac{G_W \cdot P_S}{100\%} \quad G_W = \frac{100\% \cdot P_W}{P_S} \; ; \; P_S = \frac{100\% \cdot P_W}{G_W}$$ $$E_{max} = G_W + P_W \quad ; \quad E_{min} = G_W - P_W$$ $$G_W = \frac{100\% \cdot E_{max}}{100\% + P_S} \qquad G_W = \frac{100\% \cdot E_{min}}{100\% - P_S}$$ P_W = Prozentwert, er ist der Teil des Grundwertes, der dem Prozentsatz entspricht G_W = Grundwert, er ist der Wert auf den man sich beim Prozentrechnen bezieht P_S = Prozentsatz in %, er gibt an, in wie viel Hundertstel vom Grundwert zu nehmen sind E_{max} = Endwert, vermehrt E_{min} = Endwert, vermindert
Promillerechnung	$$P_S = \frac{1000\%_o \cdot P_W}{G_W}$$ P_S = Promillesatz in ‰, er gibt an, in wie viel Tausendstel vom Grundwert zu nehmen sind P_W = Promillewert, er ist der Teil des Grundwertes, der dem Promillesatz entspricht G_W = Grundwert, er ist der Wert auf den man sich bei der Promilleberechnung bezieht
Zinsrechnung 1 Zinsjahr = 360 Tage 1 Zinsmonat = 30 Tage	Jahreszins $$z = \frac{k \cdot p \cdot t}{100\%} \quad t = \frac{100\% \cdot z}{k \cdot p} \; ; \; k = \frac{100\% \cdot z}{p \cdot t}$$ $$p = \frac{100\% \cdot z}{k \cdot t}$$ z = Zinsen in € k = Kapital in € t = Zeit in Jahren p = Zinssatz in % **Tageszinssatz** $$z = \frac{k \cdot p \cdot t}{100\% \cdot 360} \quad ; \quad k = \frac{z \cdot 100\% \cdot 360}{p \cdot t}$$ t = Zeit in Tagen

Zinsen vom vermehrten Kapital **(Zinsrechnung auf Hundert)**	$$K_U = \frac{k_V \cdot 100}{(100 + p_A)} \qquad p_A = \frac{p \cdot t}{360}$$ Zinsen = k_V - K_U K_U = Ursprungskapital in € k_V = Vermehrtes Kapital in € p_A = Angepasster Zinssatz in % t = Zeit in Tagen p = Zinssatz in %
Zinsen vom vermindertes Kapital **(Zinsrechnung auf Hundert)**	$$K_U = \frac{k_V \cdot 100}{(100 - p_A)} \qquad p_A = \frac{p \cdot t}{360}$$ Zinsen = K_U - k_V K_U = Ursprungskapital/Rückzahlbarer Betrag in € k_V = Vermindertes Kapital in € p_A = Angepasster Zinssatz in % t = Zeit in Tagen p = Zinssatz in %

Dreisatz	Gerader Dreisatz (direkten)

Gerader Dreisatz (direkten)

> Je größer, desto größer bzw. je kleiner, desto kleiner

1. Behauptung
2. Berechnung der Einheit durch Dividieren
3. Berechnung der Mehrheit durch Multiplizieren

$$A \triangleq 100\% \qquad x = \frac{B \cdot 100\%}{A}$$

$$B \triangleq x$$

Umgekehrter Dreisatz (indirekten)

> Je größer, desto kleiner bzw. je kleiner, desto größer

1. Behauptung
2. Berechnung der Einheit durch Multiplizieren
3. Berechnung der Mehrheit durch Dividieren

Mehrfacher Dreisatz

Bei einem mehrfachen oder zusammengesetzten Dreisatz müssen mehrere Größen berechnet werden. Dazu benötigt man mindestens 2 Schlusssätze
(2 Dreisatzrechnungen)

Mischungsrechnen	*Formel*

Mischungsrechnen

$$\frac{m}{m_1} = \frac{x}{x_1} \qquad m_1 = \frac{m \cdot x_1}{x} \quad ; \quad x_1 = \frac{m_1 \cdot x}{m}$$

$$m = \frac{m_1 \cdot x}{x_1} \quad ; \quad x = \frac{m \cdot x_1}{m_1}$$

$$m = m_1 + m_2 + m_3 + \ldots$$
$$x = x_1 + x_2 + x_3 + \ldots$$

m = Gesamtmenge
m_1 = Teilmenge 1
m_2 = Teilmenge 2
x = Summe der Anteile
x_1 = Anteil der Teilmenge 1
x_2 = Anteil der Teilmenge 2

Kostenrechnungen	Formeln

Kostenrechnung Brutto Netto
Umsatzsteuer bzw. Mehrwertsteuer

$$K_B = K_N \cdot (1 + p / 100)$$

$$K_N = \frac{K_B}{1 + p/100}$$

$$p = \frac{A \cdot 100}{K_N} \qquad A = K_N \cdot (p/100) \qquad K = m \cdot k$$

K = Gesamtkosten in €
m = gekaufte Menge
k = Preis der Ware € /...
K_B = Bruttopreis in €
K_N = Nettopreis in €
A = Mehrwertsteuerbetrag
p = Mehrwertsteuersatz (z.B. 19%)

Kraftstoffkosten

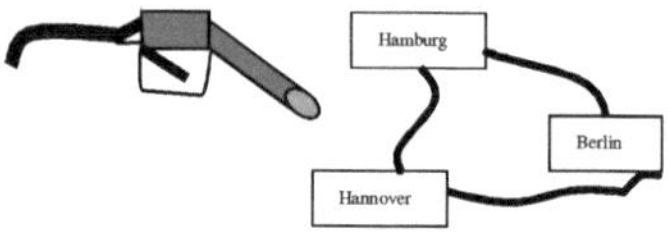

$$V_K = \frac{k_s \cdot s}{100}$$

k_s = Kraftstoff-Streckenverbrauch in l/100km
V_K = Kraftstoffverbrauch in l
s = Strecke in km

oder

Kraftstoffmenge = Fahrstrecke · Verbrauch

Kraftstoffmenge in l

Kraftstoffkosten = Kraftstoffmenge · Literpreis in €

Kraftstoffkosten in €

Währungsrechnen

$$\textbf{Inlandwährung} = \frac{Auslandswährung}{Kurs}$$

Auslandswährung = Innlandwährung · Kurs

$$\textbf{Kurs} = \frac{Auslandswä hrung}{Inlandswäh rung}$$

Währung = die Münzen und Banknoten, die in einer
Wirtschaftsregion gültig sind

Kostenrechnungen	Formeln
Mautkosten 	**Mautkosten** = Mautpflichtige Strecke · Mautsatz Mautkosten in € Mautpflichtige Strecke in km Mautsatz in €/km
Fährkosten 	**Fährkosten** = Kosten pro Person · Anzahl der Personen Fährkosten in € Kosten pro Person (inklusiv Nebenkosten) in €
Jährliche Abstellplatzkosten	**Jährliche Abstellplatzkosten** = $AW \cdot KW \cdot (AF + R)$ Jährliche Abstellplatzkosten = in € AW = Anzahl der Wochen KW = Kosten pro Woche in € AF = Anzahl der Fahrzeuge R = Fahrzeugreserve
Jährliche Abstellplatzkosten	**Jährliche Abstellplatzkosten** = $AT \cdot KT \cdot (AF + R)$ Jährliche Abstellplatzkosten = in € AT = Anzahl der Tage KT = Kosten pro Tag in € AF = Anzahl der Fahrzeuge R = Fahrzeugreserve
Abstellplatzkosten	**Abstellplatzkosten** = $AT \cdot KT \cdot (AF + R)$ Abstellplatzkosten = in € AT = Anzahl der Tage KT = Kosten pro Tag in € AF = Anzahl der Fahrzeuge R = Fahrzeugreserve
Nutzungsgrad Fahrzeug 	**Nutzungsgrad in %** $= \dfrac{Fahrzeit \cdot 100\%}{Gesamtarbeitszeit}$ Nutzungsrad = in % Fahrzeit = in h Gesamtarbeitszeit = in h

Kostenrechnungen	Formeln
Reifenkosten/Jahr	$$\text{Reifenkosten/Jahr} = \frac{Fahrleistung \cdot Reifenkosten}{Fahrleistung\ Reifen}$$
	Reifenkosten/Jahr in € Fahrleistung (Fahrzeug) in km/Jahr Reifenkosten in € Fahrleistung Reifen in km
Reifenkosten/Jahr (Veränderte Laufleistung)	$$\text{Reifenkosten/Jahr} = \frac{Fahrleistung \cdot Reifenkosten \cdot 100\%}{Fahrleistung\ Reifen \cdot p}$$
	Reifenkosten/Jahr in € p = Prozentsatz der Laufleistungsverringerung oder Erhöhung
Kraftstoffkosten/ Jahr	$$\text{Kraftstoffkosten/Jahr} = \frac{Fahrleistung \cdot Verbrauch \cdot Kraftstoffpreis}{100km}$$
	Kraftstoffkosten/Jahr in € Fahrleistung (Fahrzeug) in km Verbrauch in l/100km Kraftstoffpreis in €/l
Minderdistanz/ Jahr	$$\text{Minderdistanz/Jahr} = Ausgangsdistanz/Jahr - \frac{Kraftstoffkosten/Jahr \cdot 100km}{Neuverbrauch \cdot Kraftstoffpreis}$$
	Minderdistanz/Jahr in km Ausgangsdistanz/Jahr in km Neuverbrauch in l/100km
Zusatzdistanz/ Jahr	$$\text{Zusatzdistanz/Jahr} = \frac{Kraftstoffkosten/Jahr \cdot 100km}{Neuverbrauch \cdot Kraftstoffpreis} - Ausgangsdistanz/Jahr$$
	Zusatzdistanz/Jahr in km
Kostensteigerung/ Jahr in %	$$\text{Kostensteigerung/Jahr in \%} = \frac{Kostensteigerung\ /\ Jahr\ in\ €}{Ausgangswert\ in\ €\ /\ Jahr} \cdot 100\%$$
	Kostensteigerung/Jahr in % Kostensteigerung in € (z.B. Reifen und Kraftstoff) Ausgangswert in €/Jahr (z.B. Reifen und Kraftstoff)
Kostenersparnis/ Jahr in %	$$\text{Kostenersparnis/Jahr in \%} = \frac{Kostenersparnis\ /\ Jahr\ in\ €}{Ausgangswert\ in\ €\ /\ Jahr} \cdot 100\%$$
	Kostenersparnis/Jahr in % Kostenersparnis in € (z.B. Reifen und Kraftstoff)

Kostenrechnungen	Formeln
Tilgungsrechnung **Ratentilgung**	$T = K \cdot n$ T = Tilgungsrate (gleich große Jahresraten) K = Schuldkapital n = Tilgungsdauer in Jahren
Umsatzberechnung	$\text{Umsatz} = \text{Verkaufspreis} \cdot \text{Verkaufsmenge}$ Umsatz = in Landeswährung z.b. € Verkaufspreis = in Landeswährung z.b. € Verkaufsmenge = Anzahl der Verkauften Waren
Gewinnberechnung	$\text{Gewinn} = \text{Umsatz} - \text{Kosten}$ Gewinn = in Landeswährung z.b. € Kosten = in Landeswährung z.B. €
Umsatzrentabilität	$$\text{Umsatzrentabilität} = \frac{Gewinn}{Umsatz} \cdot 100\%$$ Umsatzrentabilität = in %
Wirtschaftlichkeit	$$\text{Wirtschaftlichkeit} = \frac{Ertrag}{Aufwand} \quad ; \quad \text{Wirtschaftlichkeit} = \frac{Umsatz\ (Erlöse)}{Kosten}$$ Wirtschaftlichkeit >1, so spricht man von einem wirtschaftlichen Unternehmen Ertrag = in Landeswährung z.B. € Aufwand = in Landeswährung z.B. €
Produktivität	$$\text{Produktivität} = \frac{Output\ (Ausbringung)}{Input\ (Einsatz)}$$ Output u. Input kann in unterschiedlichen Maßeinheiten, aber auch in € bemessen werden
Personalbedarfsplanung	$$AK = \frac{T \cdot St}{Z}$$ AK = Arbeitskräfte T = Vorgabezeit für das Herstellen des Produktes in min St = Stückzahl Z = Zeitfaktor in min $$AK\ brutto = \frac{AK \cdot 100}{100 - Fehlst.}$$ AK brutto = Arbeitskräfte incl. Fehlstand Fehlstand = Fehlende Arbeitskräfte

Abschreibung	Formeln

Jährlicher Abschreibung
Lineare Abschreibung

$$A_t = \frac{S}{n}$$

Anschaffungskosten : Nutzungsdauer = jährlicher (AfA=Absetzung für Abnutzung) – Satz

A_t = Abschreibungsbetrag €/Jahr der Periode t (Nutzungsdauer)
S = Abschreibungsausgangsbetrag in €
Achtung (Anschaffungswert in € - Restwert in €)
n = Nutzungsdauer in Jahre

$$A_t = \frac{A-R}{n}$$

A = Anschaffungswert in €

R = unter Berücksichtigung des Restwert in €

Restwert

$$R = A - n \cdot P$$

R = Restwert in €
A = Anschaffungswert in €
P = Abschreibungswert in €

Jährliche Abschreibungssatz

$$p\% = \frac{100\%}{n}$$

p% = jährliche Abschreibungssatz in %
n = Jahre

Jährliche Abschreibungswert

$$P = A \cdot p\%$$

P = Abschreibungswert in €
A = Anschaffungswert in €
p% =Abschreibungssatz in %

Abschreibung	Formeln
Geometrisch-degressive Abschreibung	$$p = 100 \cdot \left(1 - \sqrt[n]{\frac{R}{A}} \right)$$ p = Jährlich prozentualer Abschreibungssatz in % R = Restwert nach Jahren A = Anschaffungswert in € n = Abschreibungszeit in Jahren
Geometrisch-degressive Abschreibung	$$A_t = \frac{p\%}{100\%} \bullet R_b$$ A_t = Abschreibungsbetrag €/Jahr der Periode t (Nutzungsdauer) R_b = Restbuchwert der Vorperiode p% = jährliche Abschreibungssatz in % R_b = Restbuchwert der Vorperiode 1 Jahr usw. Restbuchwert der Aktuellen Periode = Restbuchwert der Vorperiode - A_t
Leistungsabschreibung €/km	$$A = \frac{S}{L_V}$$ A = Abschreibungswert €/km S = Abschreibungsausgangsbetrag (z.B Kaufpreis, Anschaffungskosten) in € L_V = Leistungsvolumen in km (oder Gesamtlaufleistung) **R = unter Berücksichtigung des Restwert Fahrzeug in €** $$A = \frac{S - R}{L_V}$$
Wertverlust für eine Fahrtstrecke	**Wertverlust** = Fahrtstrecke · Abschreibungswert €/km (A) Wertverlust in €

Ladungssicherung " ALTE" Norm ,,DIN EN" 12195-1 Ausgabe 2004	Formeln vereinfachte Darstellung

Niederzurren
 	
bei einem Zurrwinkel α
von größer als 83 Grad
 	
Zurrwinkel   Zurrmittel
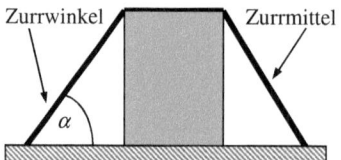
α
	$$\mathbf{F}_V = \frac{c - \mu_D}{\mu_D} \cdot \frac{F_G}{k}$$
	
	F_V = Vorspannkraft S_{TF} im geraden Zug, die zur
	      Sicherung der gesamten Ladung erforderlich ist in daN
	C = Beschleunigungsbeiwert: nach vorn 0,8 zur
	      Seite 0,5 und nach hinten 0,5
	μ_D = Gleit-Reibbeiwert
	F_G = Ladungsgewicht in daN
	k = Übertragungsbeiwert (Grundsätzlich 1,5 im
	      Ausnahmefall 2)

Niederzurren
 	
bei einem Zurrwinkel α
von kleiner als 83 Grad
 	
Zurrwinkel   Zurrmittel
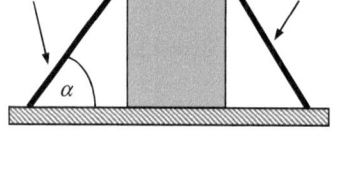
α
	$$\mathbf{F}_V = \frac{c - \mu_D}{\mu_D \cdot \sin\alpha} \cdot \frac{F_G}{k}$$
	
	F_V = Vorspannkraft S_{TF} im geraden Zug, die zur
	      Sicherung der gesamten Ladung erforderlich ist in daN
	c = Beschleunigungsbeiwert: nach vorn 0,8 zur
	      Seite 0,5 und nach hinten 0,5
	μ_D = Gleit-Reibbeiwert
	F_G = Ladungsgewicht in daN
	k = Übertragungsbeiwert (Grundsätzlich 1,5 im
	      Ausnahmefall 2)
	$\sin\alpha$ = Sinuswert des Zurrwinkels α
	
	$$\mathbf{n} = \frac{F_V}{F_T}$$
	
	n = Anzahl der Zurrmittel
	F_V = Gesamtvorspannkraft S_{TF} im geraden Zug, die zur Sicherung
	      der **gesamten Ladung** erforderlich ist in daN
	F_T = Vorspannkraft **eines Zurrmittels** S_{TF} in daN

Standfestigkeit 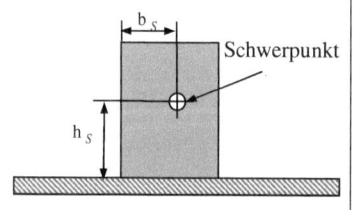 Schwerpunkt b_s h_s	$$\text{Standfest} = \frac{b_S}{h_S} \geq c$$ $\frac{b_S}{h_S} \geq 0,8$; $\frac{b_S}{h_S} \geq 0,7$; $\frac{b_S}{h_S} \geq 0,5$ In Fahrtrichtung ; zur Seite ; nach hinten b_S = Abstand des Schwerpunktes zur Kippkante in cm h_S = Schwerpunkthöhe in cm c = Beschleunigungsbeiwert: nach vorn 0,8 zur Seite 0,7 (0,5+0,2 Wankfaktor) und nach hinten 0,5

Ladungssicherung " ALTE" Norm „DIN EN" 12195-1 Ausgabe 2004	Formeln vereinfachte Darstellung

Schrägzurren

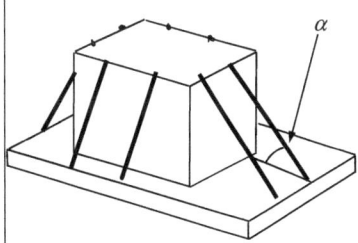

$$F_S = \frac{c - \mu_D}{(\mu_D \cdot \sin\alpha) + \cos\alpha} \cdot \frac{F_G}{n}$$

F_S = Sicherungskraft LC des Zurrmittels im geraden Zug in daN

c = Beschleunigungsbeiwert: nach vorn 0,8 zur Seite 0,5 und nach hinten 0,5

μ_D = Gleit-Reibbeiwert

F_G = Ladungsgewicht in daN

n = Anzahl der Zurrmittel pro Richtung

$\sin\alpha$ = Sinuswert des Zurrwinkels α

$\cos\alpha$ = Cosinuswert des Zurrwinkels α

Diagonalzurren in Längsrichtung

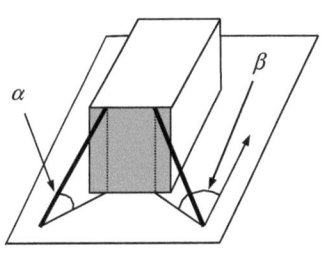

$$F_S = \frac{c - \mu_D}{(\mu_D \cdot \sin\alpha) + (\cos\alpha \cdot \cos\beta)} \cdot \frac{F_G}{n}$$

F_S = Sicherungskraft LC des Zurrmittels im geraden Zug in daN

c = Beschleunigungsbeiwert: nach vorn 0,8 zur Seite 0,5 und nach hinten 0,5

μ_D = Gleit-Reibbeiwert

F_G = Ladungsgewicht in daN

n = Anzahl der Zurrmittel pro Richtung

$\sin\alpha$ = Sinuswert des Zurrwinkels α

$\cos\alpha$ = Cosinuswert des Zurrwinkels α

$\cos\beta$ = Cosinuswert des Zurrwinkels β

Diagonalzurren in Querrichtung
Siehe Bild Diagonalzurren in Längsrichtung

$$F_S = \frac{c - \mu_D}{(\mu_D \cdot \sin\alpha) + (\cos\alpha \cdot \sin\beta)} \cdot \frac{F_G}{n}$$

$\sin\beta$ = Sinuswert des Zurrwinkels β

Kopfschlinge in Fahrtrichtung

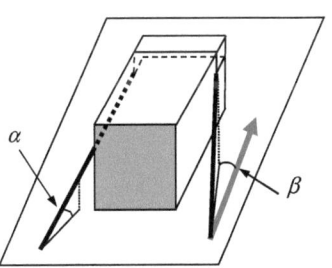

$$F_S = (0,8 - \mu_D) \cdot F_G$$

F_S = Sicherungskraft zur Sicherung der gesamten Ladung in daN

0,8 = Beschleunigungsbeiwert nach vorn

μ_D = Gleit-Reibbeiwert

F_G = Ladungsgewicht in daN

Ladungssicherung " ALTE" Norm „DIN EN" 12195-1 Ausgabe 2004	Formeln vereinfachte Darstellung

Kopfschlinge entgegen der Fahrtrichtung

Siehe Bild Kopfschlinge in Fahrtrichtung, wobei der Fahrtrichtungspfeil, gedreht werden muss.

$$F_S = (0,5 - \mu_D) \cdot F_G$$

F_S = Sicherungskraft zu Sicherung der gesamten Ladung in daN

0,5 = Beschleunigungsbeiwert nach hinten

μ_D = Gleit-Reibbeiwert

F_G = Ladungsgewicht in daN

Seitenschlinge

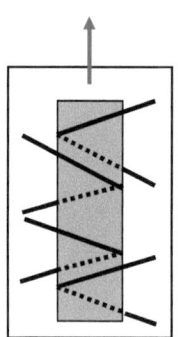

$$F_S = (0,5 - \mu_D) \cdot F_G$$

F_S = Sicherungskraft zu Sicherung der gesamten Ladung in daN

0,5 = Beschleunigungsbeiwert zur Seite

μ_D = Gleit-Reibbeiwert

F_G = Ladungsgewicht in daN

Gesamtschwerpunkt

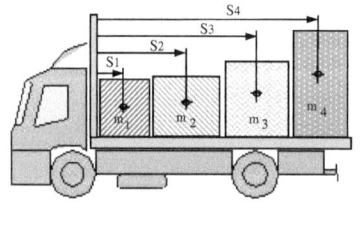

$$S_{ges} = \frac{(S_1 \cdot m_1) + (S_2 \cdot m_2) + (S_3 \cdot m_3) + (S_4 \cdot m_4)}{m_1 + m_2 + m_3 + m_4}$$

S_{ges} = Gesamtschwerpunkt in m von der Stirnwand

S_1 = Schwerpunkt der Ladung eins in m von der Stirnwand

m_1 = Masse Ladegut eins in kg

S und m sind beliebig erweiterbar

Stichwortverzeichnis

Stichwortverzeichnis

Stichwortverzeichnis

Leerseiten für Ergänzungen

Leerseiten für Ergänzungen

Leerseiten für Ergänzungen

Leerseiten für Ergänzungen

Leerseiten für Ergänzungen

Leerseiten für Ergänzungen